新型职业农民培育工程规划教材

U0272094

玉米规模生产与病虫草害防治技术

陈 勇　胥付生　王维彪　主编

中国农业科学技术出版社

图书在版编目（CIP）数据

玉米规模生产与病虫草害防治技术／陈勇，胥付生，王维彪主编 . —北京：中国农业科学技术出版社，2015.8

ISBN 978 - 7 - 5116 - 2221 - 1

Ⅰ . ①玉…　　Ⅱ . ①陈…②胥…③王…　　Ⅲ . ①玉米 – 规模生产 – 栽培技术②玉米 – 病虫害防治③玉米 – 除草　Ⅳ . ①S513②S435. 13③S451. 22

中国版本图书馆 CIP 数据核字（2015）第 180171 号

责任编辑	白姗姗
责任校对	马广洋

出 版 者	中国农业科学技术出版社
	北京市中关村南大街 12 号　邮编：100081
电 话	(010)82106638(编辑室)　(010)82109702(发行部)
	(010)82109709(读者服务部)
传 真	(010)82106650
网 址	http://www. castp. cn
经 销 者	各地新华书店
印 刷 者	北京富泰印刷有限责任公司
开 本	850mm ×1 168mm　1/32
印 张	8
字 数	201 千字
版 次	2015 年 8 月第 1 版　2016 年 3 月第 3 次印刷
定 价	29. 90 元

《玉米规模生产与病虫草害
防治技术》

编　委　会

前　言

玉米是我国最主要的粮食作物之一,玉米属高产作物,经济价值较高,是我国最主要的杂粮,在粮食作物中仅次于水稻、小麦,居第三位。产量仅次于美国,居世界第二位。玉米对自然条件要求不严格,在我国分布很广,各地都有分布。

为了更好地开展培训,提高培训的针对性和实用性,我们编写了《玉米规模生产与病虫草害防治技术》。全书由9章组成。包括:玉米生产概况、播种技术、田间管理、施肥与灌溉、玉米病虫草害及其防治、气象灾害及其预防措施、玉米机械化生产、特用玉米生产技术、现代玉米收获及加工技术等内容。

本教材针对全国农村现状和农民需求,理论联系实际,文字通俗,材料新颖,措施得当,可操作性强。将玉米栽培的各个层面,真实、具体、系统地呈现给广大读者。本书既可作为新型职业农民培训教材,也可供玉米科研工作者、农业院校师生、农技推广人员和农民朋友阅读参考。

由于时间仓促,笔者水平有限,书中错误疏漏在所难免,敬请广大教师及读者,批评指正,以期再版时修订。

编　者
2015 年 7 月

目　　录

第一章　玉米生产概况

玉米属禾本科玉蜀黍族玉蜀黍属玉米种,一年生谷类植物,学名玉蜀黍(Zea mays),俗称棒子、玉茭、苞米、苞谷。据考证,玉米原产于拉丁美洲的墨西哥和秘鲁沿安第斯山麓一带,7000年前美洲的印第安人就已经开始种植玉米。公元1492年,航海家哥伦布发现美洲大陆后,随着世界性航线的开辟,在第二次归程(1499年)中,把玉米带到西班牙,由于其植株高大,茎强壮,适应性强,尤其适合旱地种植,随着世界航海业的发展,玉米逐渐由欧洲传至世界各地。大约在16世纪中期,中国开始引进玉米,到了明朝末年,玉米的种植已达10余省。

目前,在世界谷类作物中,玉米的种植面积和总产量仅次于小麦、水稻而居第3位,平均单产则居首位,成为最重要的粮食作物之一。其中,北美洲和中美洲的玉米种植面积最大,其次为亚洲、拉丁美洲、欧洲等。中国的玉米生产面积和总产量均居世界第2位。

玉米作为世界上三大粮食作物之一,又是重要的饲料和工业原料,在世界粮食生产中一直占有十分重要的地位。玉米素有长寿食品的美称,含有丰富的蛋白质、脂肪、维生素、微量元素、纤维素及多糖等,具有开发高营养、高生物学功能食品的巨大潜力,已成为一种热门的保健食品,并风靡曾经以食物精细著称的欧美世界。同时,玉米是三大粮食作物中最适合作为工业原料的品种,也是加工程度最高的粮食作物。今后,玉米深加工产品将被广泛应用于食品、医药、化学及能源工业,具有广阔的应用前景。

第一节 玉米的分类

一、根据玉米生产种的分类

玉米是异花授粉作物,不同群体之间可以通过杂交和基因重组,创造出新的遗传变异库。在自然选择和人工选择的作用下,产生了不同于原始种质的新种质。因此,生产玉米形态变异范围很大。库列索夫(1933年)按照籽粒形态、胚乳性质、稃壳有无,将生产玉米分为以下8个亚种(或类型群)。

(一)硬粒型

硬粒型玉米的果穗多呈锥形,上窄下宽。籽粒近似圆形、坚硬饱满,有光泽。籽粒顶部及四周的胚乳都是角质淀粉,仅中部有少量粉质淀粉。籽粒有黄、白、红等颜色,食味品质优良。适应性强,稳产性好,耐瘠薄,较早熟。

(二)马齿型

马齿型玉米植株高大,果穗多呈筒形,籽粒长大而扁平,粉质淀粉分布于籽粒顶部和中部,两侧为角质淀粉;成熟时粉质的顶部比角质的两侧干燥得快,因而凹陷成马齿状。生产上用的马齿型玉米籽粒大多数为黄色或白色,少数为紫色或红色;不透明,食味和品质不如硬粒型。一般表现耐肥水,产量高,成熟较迟。

(三)粉质型

又名软粒型,果穗及籽粒形状与硬粒型相似,唯胚乳几乎全为粉质淀粉,籽粒无光泽。我国生产较少。

（四）爆裂型

亦称爆裂种或爆花玉米。果穗较小，穗轴较细，籽粒小，分为黄、白、红、紫等颜色，有米粒形和珍珠形两类。胚乳几乎全部为角质淀粉，仅中部有少许粉质淀粉，品质优良。籽粒遇高温时，粉质淀粉中的空气膨胀，受到外围角质淀粉的阻力，压力愈来愈大，最终产生爆花。

（五）甜质型

又称甜玉米。植株分蘖力强，果穗较小；籽粒几乎全部为角质胚乳，成熟时表面皱缩，半透明。乳熟期籽粒中含有大量可溶性碳水化合物、脂肪和蛋白质，淀粉含量较低，含糖量高达15%～18%，可食用鲜穗，亦可制作罐头。因此，又称为果蔬玉米，有时也称水果玉米。

（六）糯质型

也叫蜡质型，果穗较小，籽粒中胚乳全部由支链淀粉组成，表面无光泽，呈蜡状，不透明，鲜食风味极佳，是食品加工和酿造业的重要原料。

（七）甜粉型

籽粒上部为甜质型角质胚乳，下部为粉质胚乳，属分类学上的材料，缺乏生产价值。

（八）有稃型

果穗上的每个籽粒均被较长的稃壳包住，稃壳顶端有时有芒状物，籽粒坚硬，脱粒极难，产量很低，无生产价值。

二、根据种子生产的特点和遗传分类

根据种子生产的特点和遗传组成，玉米品种可分为两大类，一类是普通品种，另一类是杂交种品种。

（一）普通品种

普通品种又叫自由授粉品种，属于群体品种的一种，通常称为老品种或农家品种。它是在种植条件下，品种内个体间随机授粉的产物，品种内含有杂交、自交和姊妹交等多种授粉方式的后代。因此，这类品种的整齐度差，个体间有一定的变异性，稳产性好，丰产性差，是在 20 世纪 50 年代初期生产上应用的主要品种类型，因其适应性强、抗逆性较好、产量相对稳定、种子繁殖简便，目前，在个别地方仍有种植。普通品种直接繁殖即可保持本品种的特征特性，但也需要与其他品种隔离。

（二）杂交种品种

杂交种品种是在选择亲本和控制授粉条件下产生的后代。杂交种品种的种类较多，有品种间杂交种、自交系间杂交种和品种与自交系间杂交种等。就自交系间杂交种而言，又分为单交种、三交种、双交种、综合种等，但目前生产上应用的主要一类杂交种是单交种，其次有少量的三交种，其他类别的杂交种目前很少使用。

三、根据经济和用途分类

根据经济和用途，玉米的品种又可分为普通玉米品种和专用（特用）玉米品种两大类。所谓专用（特用）玉米是指普通玉米以外的各种籽粒类型玉米，是近代科技的产物。它们都是来自普通玉米，但又高于普通玉米具有较高的遗传附加值。这类玉米通常包括高油玉米、甜玉米、糯玉米、笋用玉米、高淀粉玉米以及黑玉米青饲、青贮玉米等不同用途的各种类型。它们在遗传组成上具有各自独特的籽粒结构、营养成分、加工品质以及食用风味等特征，因而有着各自特殊的用途和加工要求以及相应的销售市场。与普通玉米相比，特用玉米具有更高的技术含量和更大的经济价值,所以,国外也把它们称作遗传增值玉米。

(一)高油玉米

高油玉米是玉米遗传育种学家创造出来的一种高附加值的玉米类型。普通玉米的含油量为4%~5%,美国销售的高油玉米杂交种含油量达6.5%~7%,新育成的已达8.5%。我国正在推广的高油玉米含油量都在7%~9%。除了油分外,高油玉米还具有相对较高的蛋白质、赖氨酸和胡萝卜素含量。这些成分不仅对人类和单胃动物的营养改进具有重要价值,对于家禽乃至反刍动物的饲养也有重要意义。国内外已有许多关于高油玉米饲养效果的报道。

(二)优质蛋白玉米

玉米籽粒的蛋白质含量一般在10%左右,比小麦(13%~14%)低,比水稻(7%~9%)高。但玉米蛋白质总量中醇溶性蛋白占50%~60%。从营养观点来看,玉米的蛋白质是劣质蛋白。优质蛋白玉米,以前也称高赖氨酸玉米,是通过遗传育种途径改进了玉米的蛋白质品质,使其赖氨酸含量比普通玉米高出1倍,从而大大地提高了玉米蛋白质的营养价值。

(三)甜玉米

甜玉米也称蔬菜玉米、水果玉米,是玉米的一种胚乳变异类型,是近些年来特别是发达国家发展较快的一种新型品种,这种玉米是在乳熟期采收加工成各种食品。

据美国农业部调查(Kankis&Davis,1986),在所有蔬菜作物中,甜玉米的总产值排在鲜售市场的第4位,加工产品的第2位。美国曾人均年消费鲜甜玉米3.2千克,冷冻甜玉米1.2千克,罐头甜玉米6.1千克。所以,美国的甜玉米产量和加工量均居世界首位,年种植面积达32万公顷(其中,罐头加工14.2万公顷,速冻加工8.9万公顷,鲜穗销售8.9万公顷)。在蔬菜作物中,甜玉米创造的产值仅次于西红柿,达5亿美元以上。加工后的产值可增加300%~400%,有数家种子公司经营近500个各类甜玉米品种。甜玉米在日本、韩国和中国台湾地区也得到了普及,近年中国台湾地区年种植面积就达2万多公顷。

甜玉米可分为三大类。一类是普通甜玉米,是由隐性突变基因su(4-71)引起的胚乳缺陷。在授粉后20天,甜玉米的籽粒中含有大约15%的糖分,而普通玉米只有6%左右,前者是后者的2.5倍。同时,甜玉米胚乳中的淀粉大约有1/3变成了能溶解于水的小分子形态,具有分支结构,叫水溶性多糖。第二类是超甜玉米,用来培育超甜玉米的基因比较复杂,生产上种植面积最大的是以凹陷-2(sh2)基因为基础的类型。此外以脆弱-1(bt1)和脆弱-2(ht2)基因为基础的超甜类型也正在示范当中。与普通甜玉米相比,超甜玉米的糖分含量高,授粉后18天超甜玉米籽粒糖分含量比普通甜玉米高2~2.5倍,28天时,可高4倍以上。第三类是加强甜玉米,是20世纪70年代开始问世的,它是在普通甜玉米su基因的基础上引进了一个糖分加强基因se,因而提高了普通甜玉米的糖分含量,但不影响水溶性多糖等其他成分。还有一种叫半加强甜玉米。加强甜玉米的糖分加强基因是纯合的(sese),而半加强甜玉米的糖分加强基因是杂合的(Sese)。

(四)高淀粉玉米

总淀粉含量≥74%。其中,又可分为混合型和高直链淀粉玉米。普通玉米的淀粉中,支链淀粉占73%,直链仅占27%。高直链淀粉玉米中直链淀粉占50%以上。

第二节 玉米在农业生产中的地位及重要价值

一、玉米在农业生产中的地位

玉米是世界上分布最广泛的粮食作物之一,种植范围从北纬58°(加拿大和俄罗斯)至南纬40°(南美),在世界农业生产及发展中占有十分重要的地位。就玉米利用而言,大体经历了作为人类口粮、牲畜饲料和工业生产原料的3个阶段。

口粮消费占玉米总消费的比重大约在5%,但是随着时代的发展,这个比例有逐步降低的趋势。玉米作为三大粮食作物之一,为解决人类的温饱问题起到很大作用。时至今日,在某些贫困国家和地区,玉米依然是人们主要的粮食来源。

饲料消费是玉米最重要的消费渠道,占消费总量的70%左右。该项消费可以看作是生活水平和人口数量随时间变化的一个函数:在人们生活水平提高初期,恩格尔系数较高,人们对肉、蛋、禽、奶的强劲需求拉动了畜牧业和饲料业的大发展,导致饲用玉米需求大幅度增加,成为玉米增产的主要动力;在生活达到一定水平后,恩格尔系数下降,对肉、蛋、禽、奶等的需求将保持平稳,此时饲用玉米消费将仅与人口数量成正比。

玉米作为工业原料使用也是其消费的主要渠道。玉米不仅是"饲料之王",而且还是粮食作物中用途最广、可开发产品最多、用量最大的工业原料。以玉米为原料生产淀粉,可得到化学成分最佳、成本最低的产品,附加值超过玉米原值几十倍,广泛用于造纸、食品、纺织、医药等行业。以玉米淀粉为原料生产的酒精是一种清洁的"绿色"燃料,有可能在21世纪取代传统燃料而被广泛使用。

库存亦是玉米需求的一种形式。出于粮食安全的考虑,各

国总要储备一些粮食。世界玉米库存量一般占消费量的 20%
左右。

二、玉米的重要价值

1. 玉米的食用价值

玉米营养丰富,食用价值很高。普通玉米籽粒一般含有大
约 12% 的蛋白质、65% 的淀粉、4% 的脂肪以及多种维生素等。
玉米中的维生素含量非常高,是稻米、小麦的 5～10 倍,是粗粮
中的保健佳品,对人体的健康颇为有利。玉米中的维生素 B_6、
烟酸等成分,具有刺激胃肠蠕动、加速粪便排泄的特性,可防治
便秘、胃病、肠炎、肠癌等。玉米富含维生素 C、异麦芽低聚糖
等,有长寿、美容作用。玉米胚尖所含的营养物质有增强人体新
陈代谢、调整神经系统功能,能起到使皮肤细嫩光滑,抑制、延缓
皱纹产生的作用。

在当今被证实的最有效的 50 多种营养保健物质中,玉米含
有 7 种——钙、谷胱甘肽、维生素、镁、硒、维生素 E 和脂肪酸。
经测定,每 100 克玉米能提供近 300 毫克的钙,几乎与乳制品中
所含的钙差不多。此外,玉米中所含的胡萝卜素被人体吸收后
能转化为维生素 A,它具有防癌作用;玉米中所含长寿因子——
谷胱甘肽,它在硒的参与下,生成谷胱甘肽氧化酶,具有恢复青
春、延缓衰老的功能;玉米中含的硒和镁有防癌抗癌作用;玉米
所含维生素 E 则有促进细胞分裂、延缓衰老、降血脂、降低血清
胆固醇的功效,中美洲印第安人不易患高血压与他们主要食用
玉米有关;玉米含有的黄体素、玉米黄质可以对抗眼睛老化;多
吃玉米还能抑制抗癌药物对人体的副作用,刺激大脑细胞,增强
人的脑力和记忆力。

特种玉米的营养价值要高于普通玉米。比如,甜玉米的蛋
白质、植物油及维生素含量就比普通玉米高 1～2 倍;"生命元

素"硒的含量则高 8 ~ 10 倍;其所含有的 17 种氨基酸中,有 13 种高于普通玉米。此外,鲜玉米的水分、活性物、维生素等各种营养成分也比老熟玉米高很多,因为在贮存过程中,玉米的营养物质含量会快速下降。

玉米的营养价值比原来人们所认识的要高得多。玉米的保健作用也越来越凸显出来。因此,人们与其吃保健药品,倒不如返璞归真请玉米这样的天然保健食品回归餐桌。

2. 玉米的饲用价值

玉米是畜牧业的优质饲料,是畜牧业发展的重要基础。近代世界上玉米作为饲料用于生产奶、肉、油、蛋等畜产品,约占总产量的 60%,发达国家则高达 80%。利用玉米饲养家禽、家畜,一般每 2 ~ 3 千克玉米籽粒可生产 1 千克的肉食。畜牧业发达的国家,几乎都与发展玉米配合饲料有密切的关系。玉米籽粒饲用价值较高, 100 千克玉米籽粒的饲用价值相当于 135 千克燕麦或 120 千克的高粱,或 130 千克大麦,或 140 千克粟。玉米秸秆也是良好饲料,玉米的鲜嫩茎叶,营养比较丰富,其利用价值也较高,特别是牛的高能饲料。但玉米秸秆的缺点是含蛋白质和钙少,因此,需要加以补充。秸秆青贮不仅可以保持茎叶鲜嫩多汁,而且在青贮过程中经微生物作用产生乳酸等物质,增强适口性。加工玉米的副产品也可作为饲料应用,玉米湿磨、干磨,淀粉、啤酒、糖等加工过程中生产的胚、麸皮、浆液等副产品,也是重要的饲料资源。

3. 玉米的工业价值

玉米的工业用途非常广泛,特别是玉米作为目前生物加工最好的再生资源,必将发挥越来越重要的作用。利用玉米籽粒为原料加工的工业产品有 500 多种,其中最重要的有玉米淀粉、玉米果葡糖浆、玉米油和玉米酒精等。玉米淀粉被认为是化学成分最佳的淀粉之一,纯度达99.5%,应用于多种行业,例如,淀粉糖化可生产低聚糖、结晶葡萄糖、果葡糖、麦芽糖、糊精;淀粉轻化可生产油漆、牙膏、维生素E、食品添加剂和表面活性剂山梨醇;淀粉发酵可生产味精、柠檬酸、丙酮酸,利用玉米适度发展燃料酒精,可以减少对进口石油的依赖,确保能源安全;淀粉氧化可生产葡萄糖酸和内酯;玉米油可提炼高级润滑油、油漆、涂料。穗轴可以提取糠醛、高级纤维、电木、软木、人造纤维。茎秆可以制造纤维素、人造丝、电器绝缘体、胶板。苞叶可以编织工艺品。花粉可以生产化妆品。

利用玉米深加工产品可以代替许多化工产品应用于纺织、造纸、涂料、印染等工业领域,加强玉米的综合利用,提高玉米的附加值,充分利用玉米中的各种成分将有助于各种衍生产品成本的降低,而且减少环境污染。因此,建设大型玉米加工和转化基地是我国玉米加工产业发展的必由之路。

4 玉米是食品加工业的重要原料

用玉米加工的食品有各种膨化食品、玉米片、面包糕点、配合粉、人造肉、小食品的外包装;用玉米可生产啤酒、白酒、黄酒和花粉饮料;玉米胚可以提炼食用油;甜玉米和糯玉米可以加工罐头和速冻食品。

5. 玉米在医药上的应用价值

玉米制成淀粉是培养抗菌素如青霉素、链霉素、金霉素的重要原料;玉米油是一种高级营养品,能帮助人体内脂肪代谢和胆固醇代谢,对降低血脂和预防动脉血管硬化有良好的保健功能;玉米花丝对治疗高血压、胆囊炎、胆结石、黄疸肝炎等病有一定作用,此外还有利尿、止血的效能。玉米穗轴可以制造消毒品和麻醉剂。

第三节 玉米生产概况及发展前景

一、世界玉米生产概况

1. 种植面积

玉米是世界上分布最广的作物之一,全世界每年种植玉米1.4亿~1.5亿公顷,总产量7亿吨左右,约占全球粮食总量的35%,北美洲种植面积最大,亚洲、非洲和拉丁美洲次之,全球最大的玉米生产国是美国,其次是中国、法国、巴西、墨西哥和阿根廷。2007—2008年度,全球玉米播种面积为1.5777亿公顷。

2. 单产

总体而言世界玉米单产随着技术进步逐渐提高,由20世纪初期的3.7吨/公顷提高到目前的4.3~4.4吨/公顷。从国家和地区来看,欧盟、美国、埃及玉米的单产居世界前列。2002年欧盟15国平均单产为8.94吨/公顷,美国8.65吨/公顷,埃及8吨/公顷,墨西哥2.47吨/公顷,南非2.65吨/公顷,巴西2.96吨/公顷,印度1.83吨/公顷,阿根廷6.5吨/公顷,中国则处于中游水平,为5.11吨/公顷。玉米的生产正向着专业化和区域化、机械化和化学化发展。如美国在1940—1975年的35年时间里,玉米亩*产从100千克提高到350.5千克,每生产50千克玉米从用工2.1个减少到0.10个,劳动效率提高了20倍。

3. 总产量

世界玉米总产在过去的40年中,由2亿吨增加到目前的7亿吨,分国别看,2002年美国2.52亿吨,中国1.25亿吨,巴西

---

* 1亩≈667平方米,1公顷=15亩。全书同

3 850万吨,欧盟15国3 935万吨,墨西哥1 900万吨,阿根廷1 540万吨,印度1 200万吨,南非900万吨。其中,美国和中国的玉米总产量占世界玉米总产量的60%以上。

4. 消费量

全球玉米消费呈现稳步增长的态势,20世纪60年代,玉米消费量仅2亿吨,从2000年度开始,全球玉米消费已经达到了6亿吨的水平,美国农业部统计,2004年度全球玉米消费量为6.465 4亿吨,2005年度增至6.697 3亿吨,20世纪90年代以来的年平均增长率为10%。按国别看,全球最大玉米消费国是美国,其次是中国、欧盟国家和巴西。

5. 贸易量

玉米贸易量在世界上仅次于小麦,居第2位,占世界谷物贸易总量的33%。2004年度全球玉米出口量为7 509万吨,占全球玉米总产量的12%。美国、中国、阿根廷、巴西和南非是全球主要的玉米出口国,美国玉米出口量近年基本上维持在4 900万吨左右,占全球玉米总出口量的2/3以上。

玉米的主要进口地包括:日本、韩国、墨西哥、东南亚和欧盟国家以及我国台湾地区。其中,日本每年进口1 600万吨左右,主要来自美国;韩国每年进口800万~900万吨,主要来自我国。

二、我国玉米生产概况

20世纪以来,玉米一直是我国传统的三大作物之一。年种植面积4亿亩左右。玉米的多用途和饲料之王地位,使玉米的需求量逐年增加,促使总产量保持稳定增长。这是保障我国经济发展的必备战略。

1. 种植面积

我国玉米生产发展很快,种植面积和总产量仅次于美国,居世界第 2 位,常年播种面积在 2 600 万公顷左右。玉米在我国分布很广,东自台湾和沿海诸省,西至青藏高原和新疆维吾尔自治区,南自海南岛,北至黑龙江的黑河都有生产,玉米在我国各地的分布并不均衡,主要集中在从东北、华北到西南的斜长弧形玉米带。主要分为东北和华北、黄淮海两个主产区,其中,东北主产区(黑、吉、辽、蒙)播种面积在 780 万公顷左右,占全国播种面积的 33% 左右;华北黄淮主产区(冀、鲁、豫)播种面积在 720 万公顷左右,约占全国播种面积的 30%。两者合计为 63%。自 2007 年开始,我国玉米种植面积上升为我国种植面积最大的作物。

2. 单产

从单产看,全国玉米平均单产 4.5 ~ 5.0 吨/公顷,吉林省单产最高,好年景可达 7 吨/公顷以上。

3. 总产量

我国年玉米产量稳定在 1.4 亿吨左右。分区域看,东北主产区产量占全国总产量的 38% 左右。华北、黄淮海主产区产量占全国 28% ~ 30%。两者合计占 66% ~ 68%。在产区中,最值得关注的是吉林和黑龙江,尤其是吉林,玉米商品量、人均玉米占有率、玉米出口率均居全国首位,其价格可以说是中国玉米市场的一个风向标。

4. 市场消费需求

中国既是玉米生产大国,也是玉米消费大国。受自然条件制约,中国玉米生产布局不均匀问题比较突出,玉米地区间消费极不平衡:东北、西北、华北是玉米主产区,玉米过剩;南方畜牧业发达,玉米种植面积较小,供给不足;销售区主要集中在东南、华东和西南。需要调入玉米的省份有京、津、沪、云、贵、川、闽、浙、赣、湘、鄂、粤、桂、琼、苏、渝 16 个省、市、区。

玉米在我国国民经济中占有重要地位。未来我国粮食产量和国民膳食水平的提高在很大程度上将主要依赖于玉米。世界发达国家的经验证明，人们生活水平的高低与人均占有玉米的数量有关。据统计，欧美国家人均占有玉米的数量达 300～500 千克，而我国人均占有玉米的数量仅为 90 千克。早在 2000 年就有专家指出，随着国民经济的发展，中国将逐渐由玉米出口国变为进口国。据有关部门预测，到 2020 年，中国对肉类食品、禽类、水产品、鸡蛋、牛奶的人均需求量将分别增加 1.53 倍、3.67 倍、1.4 倍和 9.3 倍。届时，中国玉米缺口将达 2 100 多万吨。

三、发展前景

玉米是目前世界上产量最高的谷类粮食作物，是禾谷类作物中增产潜力最大的作物，也是重要的粮食、饲料加工和工业原料作物。中国是世界上第二大玉米生产国和消费国。2011 年统计表明，我国玉米种植面积占粮食作物面积的 30.33%，玉米总产量占粮食总产量的 33.57%。2000—2011 年，我国水稻、小麦、玉米总产量分别增加 1 287 万吨、1 828 万吨、8 575 万吨。可以看出，在近十余年我国粮食总产量增加的份额中，玉米的贡献相对最大。可见，玉米在稳定粮食作物安全方面的作用越来越明显，已经成为保障我国粮食安全的关键作物。近年来，伴随人口的增长和居民生活水平的提高、畜牧业和玉米工业的大发展，我国玉米消费结构不断发生变化，玉米消费量及其占粮食总消费量的比例也是逐年递增的，2000—2014 年，我国玉米消费量增加了 7 067 万吨，占粮食总消费量的比重上升了 8.58%。有关专家学者把年人均占有玉米量作为衡量一个国家畜牧业发展水平与人民生活水平的标准之一。美国年人均占有玉米量 770 千克，而我国年人均占有玉米量只有 100 千克左右，说明我国玉米缺口严重。近十年，我国的畜牧业发展很快，但由于人均占有量很低,市场需求量尚有很大空间。有关部门预测到2030年,如果配合饲料的入户率达到80%的水平,则需要配合饲料2.0亿吨,届时需用玉米1.3亿吨。同时,随着我国玉米工业的大发展,用作工业原料的玉米将会有大幅度增加。从长远看,我国玉米需求将持续保持刚性增长,玉米产业供需将处于紧平衡状态,玉米有效自给的压力进一步加大,促使向国际贸易市场寻求帮助。2008年之前,中国是世界主要玉米出口国,但从2010年开始,中国玉米的进口量开始增长。由于国内玉米需求强劲,2014年中国进口玉米157.2万吨,创下自1995年来进口玉米量的纪录。

玉米是集粮食、饲料、工业原料于一身的多用途作物,这是其他作物不可比的。玉米又是高产稳产作物,抗逆性强,适应性广。种植玉米与其他作物相比,其投资少、成本低,管理省工省时,经济效益好。近十年来,玉米总产提高对我国粮食增产的贡献率在44%以上。因此,要充分认识到发展玉米生产的重要性,把玉米单产突破作为主攻目标,稳定玉米种植面积,大力开展玉米增产增效技术的推广,实现玉米单产和总产的新突破,有力地保障粮食安全。

第四节　玉米的生长

一、玉米的生育进程

(一)玉米的生长发育

玉米从播种开始,经历种子萌发、出苗、拔节、抽雄、开花、吐丝、受精、灌浆、成熟,完成其生长发育的全过程。玉米的生长发育过程可分为3个阶段。

1. 苗期

玉米苗期指玉米出苗到拔节前的这一段时间,包括以长根为中心和分化茎叶为主的生长阶段。本阶段地下部根系发育较快,至拔节前基本形成强大的根系,而地上部茎叶生长较缓慢。

2. 穗期

玉米从拔节到抽雄时期和生殖生长并进的旺盛生长时期,称为穗期。本阶段茎秆、节迅速伸长,叶片增加,叶面积快速增大,雌、雄穗等生殖器官强烈分化形成,是玉米一生中生育最旺盛、需要水肥养分最多的阶段,也是田间管理最关键的时期。促叶、壮秆,以达到茎秆粗壮敦实、穗多且穗大。

3. 花粒期

玉米从抽雄到籽粒成熟这一段生长时期,称为花粒期。这时玉米营养生长趋于停止,转入以生殖生长为中心的时期。本阶段茎、叶基本停止增长,雄花、雌花先后抽出,接着开花、授粉、受精,籽粒开始形成并灌浆,直至成熟。这是玉米产量形成的关键时期。应保叶、护根,防止早衰,保证正常灌浆,争取粒多、粒重。

(二)玉米的生育期和生育时期

依据玉米一生所需≥10℃的有效积温多少及熟性不同,生产上通常将玉米划分为早熟、中熟和晚熟三大类型。玉米生育期的长短受品种特性、播种时期和当地温度条件等的影响。玉米从播种到新的种子成熟,由于器官先后形成和生产环境的作用,其植株外部形态和内部组织呈现出一系列变化,依据不同变化划分为不同的生育时段,通常称为生育时期。

(1)出苗。播种后,种子发芽出土,苗高2厘米左右。

(2)拔节。顶部雄穗分化进入伸长期,近地面手摸植株基部可感到有茎节,其长度为2~3厘米。

（3）抽雄。雄穗尖端从顶叶抽出时，即雄穗（天花）露出。

（4）开花。雄穗上部开始开花散粉。

（5）吐丝。雌穗（或称果穗）顶部的花丝开始伸出苞叶。

（6）成熟。玉米果穗苞叶枯黄而松散，籽粒基部尖冠出现黑层（达到生理成熟的特征），乳线消失，籽粒干燥脱水变硬，呈现本品种固有的特征。

生产上常用大喇叭口期作为施肥灌水的重要标志。该时期棒三叶（果穗叶及其上下各一叶）开始甩出，而未展开，心叶丛生，形状如同喇叭，雌穗进入小花分化期。此时叶龄指数为60%左右。

二、玉米的器官建成

（一）根

种子萌发时，先从胚上长出胚芽和一条幼根，这条根垂直向下生长，可达20～40厘米，称为初生胚根。经过2～3天，下胚轴处又长出2～6条幼根，称为次生胚根。这两种胚根构成玉米的初生根系。它们很快向下生长并发生分枝，形成许多侧根，吸取土壤中的水分和养料，供幼苗生长。

幼苗长出2片展开叶时，在中胚轴上方、胚芽鞘基部的节上长出第一层节根，由此往上可不断形成茎节，通常每长2片展开叶，可相应长出一层节根。玉米一生的节根层数依品种、水肥供应和种植密度等条件而定，一般可发4～7层节根，根总数可达50～60条。次生根会形成大量分枝和根毛，是中后期吸收水分、养分的重要器官，还起到固定、支持和防止倒伏的作用。

从拔节到抽雄，近地表茎基1～3节上发出一些较粗壮的根，称为支持根，也叫气生根。它入土后可吸收水分和养分，并具有固定和支持作用，对玉米后期抗倒、增产作用很大。

（二）茎

玉米茎秆粗壮高大，但植株的高矮因品种、气候、土壤环境和生产条件不同而有较大差别。适当降低株高，增加种植密度，有利于高产。玉米植株茎秆有许多节，每个节上生长一片叶。一株玉米的茎节数有 15～24 个，包括地下部密集的 3～7 个节。各节间伸长靠居间分生组织不断分化、伸长、变粗。各节间的生长由下向上，逐节伸长。地下部几个节间的伸长，拔节前已开始，但伸长长度有限。拔节后，地上部节间伸长迅速，每昼夜株高可增长 2～4 厘米；当气温高、肥水充足、生长最快时，一昼夜可伸长 7～10 厘米。植株各节间长度变化表现出一定的规律性：通常基部粗短，向上逐节加长，至穗位节以上又略有缩短，而以最上面一个节间最长且细。植株基部节间粗壮，是玉米根系发育良好和植株健壮生长的重要标志。基部节间粗短，根系发育良好，抗倒能力强，是高产的象征；反之，根系弱，易倒伏，不能获得高产。苗期适当蹲苗，能促进茎基粗壮。

玉米茎秆除最上部 5～7 节外，每节都有一个腋芽。地下部几节的腋芽可发育成分蘖，生产上叫发杈，须打掉，以减少营养损耗。茎秆中上部节上的腋芽可发育成果穗，多数只发生 1～2 个果穗，而其他节上的腋芽发育到中途即停止、退化。孕穗期肥水供应充足，外界通风透光良好，有的可以形成双穗，多数结单果穗。若玉米腋芽不能得到充分发育或密度过大、环境不良，则会形成空秆。

（三）叶

叶由叶片、叶鞘和叶舌 3 部分组成。叶片中央有一主脉，两侧平行分布许多小侧脉，叶片边缘具有波状皱褶，可起到缓冲外力的作用，以避免大风折断叶部。叶片表面有许多运动细胞，可调节叶面的水分蒸腾。大气干旱时，运动细胞因失水而收缩，叶片向上卷缩成筒状,呈萎蔫状态,以减少水分蒸腾。叶片宽大并向上斜挺,连同叶鞘像漏斗一样包住茎秆,有利于接纳雨水,使之流入茎基部,湿润植株周围的土壤。

叶片在茎秆上呈互生排列。玉米一生的叶片数目是品种相对稳定的遗传性状。晚熟品种有 21 ~ 24 片叶或更多。玉米抽雄后,地上部各节位叶片基本全部展开,中、下部大多叶片尚未凋萎,单株总叶面积在抽雄开花期达到最大值。一般平展型玉米品种的叶面积指数大多在 3.5 ~ 4.0,目前推广的紧凑型玉米为 5.5 ~ 6.0,高密度的夏播玉米高达 7.5 ~ 8.0。

玉米属 C4 植物,叶的光合效能高,称为高光效作物。在通常大气 CO_2 浓度为 300 微升/升、温度为 25 ~ 30℃ 条件下,净光合强度值为 46 ~ 63 毫克/(平方分米·小时)。玉米光饱和点高,光补偿点低,在自然光条件下不易达到饱和状态,同化效率高,水分吸收利用率高,蒸腾系数为 300 ~ 400,而 C3 作物在 600以上。玉米植株各部位的叶片按其对生长中心器官的生理作用分为 3 组,每组叶数大体占全株总叶数的 1/3 左右。

(1)根叶组。茎基部叶,为根系发育和中下部叶片生长提供光合同化物质。

(2)茎(雄)叶组。中部叶,为拔节后茎节伸长和雄穗分化发育提供光合同化物质,也部分地供应上部叶片的生长。

(3)穗(粒)叶组。茎上部叶,为雌穗分化发育和籽粒灌浆提供光合同化物质。

(四)穗

玉米属雌雄同株异花植物,其雄穗是由主茎顶端的茎生长点分化发育而成。

1. 雄穗

圆锥花序,着生于茎秆顶部,由主穗轴和若干个分枝构成。

雄穗分枝的数目因品种类型而异,一般为 10 ~ 20 个。主轴较粗,着生 4 ~ 11 行成对排列的小穗;分枝较细,通常着生两行成对排列的小穗。每对小穗均由位于上方的一个有柄小穗和位于下方的一个无柄小穗组成,每一小穗基部都有两片颖片,又叫护颖,护颖内有两朵雄花,每朵雄花内有 3 个雄蕊和内外稃各一片。在外稃和雄蕊间有两个浆片,也叫鳞片,开花时浆片吸水膨大,把外稃推开,并且花丝同时伸长,使花药伸出外面散粉。

2. 雌穗

雌穗为肉穗花序,受精结实后称为果穗。由茎秆中上部节上的腋芽发育成果穗。从器官发育上来看,果穗实际上是一个变态的侧枝,下部是分节的穗柄,上端连接一个结实的穗轴。果穗外面具苞叶,苞叶数目与穗柄节相同。果穗穗轴上成对排列着无柄小穗,每一小穗内有两朵小花,上位花结实,下位花退化。因此,果穗行数通常成偶数,一般有 12 ~ 20 行籽粒。每行籽粒数目由果穗长短、大小而定,一般为 40 ~ 60 粒。

果穗不同部位的花丝抽伸的时间和速度不同。基、中部 1/3 处的花丝伸长最快,最先伸出苞叶,随后往上、往下依次伸出,顶部花丝最晚伸出。最后抽伸的花丝已到散粉后期,往往因授粉不足,而造成缺粒、秃尖。花丝抽出苞叶 7 厘米时具有受精能力,如果接受不到花粉,可以一直伸长到 50 厘米左右。受精后的花丝停止伸长,2 ~ 3 天内枯萎。

玉米的雄穗和雌穗在小花分化期前都为两性花,随后雌、雄蕊发育向两极分化,雄穗上的雄蕊继续发育,而雌蕊退化消失;雌穗的上位小花雌蕊继续发育,而雄蕊退化消失,因而小花分化后,雄穗和雌穗在发育过程中均表现为单性花。

3. 开花、授粉与受精

玉米雄穗开花时,花药中的花粉粒及雌小穗小花和胚珠中的胚囊都已成熟,花药破裂即散出大量花粉。散粉在一天中以 7~11 时为多,最盛在 7~9 时,下午开花少。花粉落到花丝上称为授粉。

玉米的花为风媒花,花粉粒重量轻,花粉数量多,每个花药可产 2 500 多粒花粉,全株整个花序可多达 100 万~250 万粒。散粉时,靠微风即可传至数米远,大风天气可送至 500 米以外,因此,玉米制种田必须设置隔离区。

花粉粒落在花丝上,经过约 2 小时萌发,形成花粉管,进入胚囊,完成受精过程。花粉粒释放的两个精子,一个与卵细胞结合,形成合子,将来发育成胚;另一个先与两个极核中的一个结合,再与另一个极核融合成一个胚乳细胞核,将来发育成胚乳。实行人工辅助授粉是提高玉米果穗结实率的有效措施。

4. 籽粒发育

雌花受精后,籽粒即形成,并开始生长发育。籽粒形成和灌浆过程先后可分为以下 4 个阶段。

(1)籽粒形成期。受精后 10~12 天原胚形成,14~16 天幼胚分化形成,籽粒呈胶囊状,此时胚乳为清浆状,含水量大,干物质积累少,体积增大快,处于水分增长阶段。

(2)乳熟期。受精后 15~35 天,种胚基本形成,已分化出胚芽、胚轴、胚根,胚乳由浆状至糊状,籽粒体积达最大,干物质积累呈直线增长。此时,籽粒含水量开始下降,为干物质增长的重要阶段。

(3)蜡熟期。受精后 35~50 天,种子已具有正常的胚,胚乳由糊状变为蜡状,干物质积累继续增加,但灌浆速度减慢,处于缩水阶段,籽粒体积有所缩小。

(4)完熟期。受精后 50~60 天,籽粒变硬,干物质积累减慢,含水率继续下降,逐渐呈现出品种固有的色泽特征,变硬。种子基部尖冠有黑色层形成。苞叶黄枯松散,进入完熟期。

第二章 播种技术

第一节 合理选用玉米种子

一、购买种子应注意的问题

目前,农民朋友普遍关注的一个问题就是怎样科学地购买玉米良种。为防止走入误区,选购玉米良种应该把握以下几个原则。

1. 选择"三证一照"齐全的单位购买种子

所谓"三证一照"就是指种子部门发的"生产许可证""种子合格证""种子经营许可证"及工商行政部门发的"营业执照",建议农民朋友要到有"三证一照"的销售单位购买种子,而且还要注意证件的发证时间、法人代表是否一致,一般来说这样的单位销售的种子质量比较可靠。

2. 选用经过审定的品种

农民朋友在购买种子时首先要看经销种子单位是否有该品种的审定证书或正式文件的介绍,否则不要轻易购买。

因为凡经审定的种子品种,都已经通过了种子管理部门组织的区域试验。这个试验首先对参试品种的适应性、抗逆性、产量、生育期、品质等进行多方面观察,然后再根据气候特点进行系统分析,最后正式通过审定。只有通过了这个试验,才能在生产上推广应用,农民朋友要谨慎购买。

3. 品种适区对路

选择的品种成熟期要适合当地的生态条件,保证常年能够完全成熟,平均安全成熟保证率达到95%以上。追求高产是农民普遍存在的心理。而越是成熟期长的品种产量会越高,这是生育期的长短与产量高低成正比的科学规律。但不能盲目选用生育期过长不适合当地有效积温条件的品种,防止越区种植。应先将所种植区内的基本条件了如指掌后,再拿它与品种介绍的积温要求对号入座。最好再留有100~150℃有效积温的余地。切莫拿上一年突出的高温和过低的有效积温作依据。应将近5年内的有效积温的平均值来对照。这样才不至于浪费积温或超越积温所带来的损失。农民购种时,还要将本地种植区内历年经常发生的自然灾害也要充分考虑进去,才能取得理想的高收益,否则再好的品种也白搭。

4. 高产优质高效

选择的品种既高产又优质才能实现高效。要根据不同用途,选择相应的专用类型品种,并提高规模效益。可能有的品种产量一般但品质较好,而有的产量较高但品质差一些,这就需要农民反复比较科学选购。无论普通玉米还是专用玉米的销售都离不开竞争激烈的市场,而品质的优劣又影响了广大消费者是否认可。单凭经销商把品种说得天花乱坠,销路是打不开的,不被消费者认可的品种,最好不要去购买。特别是一些甜、糯玉米等专用品种产品销路有限,需要对市场有一定了解之后再种植,这才是最稳妥的上策,这样可以避免一旦种植后出现得不偿失的情况。

二、玉米种子质量的鉴别

1. 影响玉米种子质量的因素

随着玉米种植面积的扩大，玉米杂交种需求急剧增加，由于一些种子部门的技术力量相对不足，部分制种田的田间检验和去杂、去劣工作不及时，致使纯度降低；再者，有些地区种子生产缺乏有效地行政管理和繁育、推广体系不够完善，也有些单位和个人滥引、滥繁、滥调、乱卖等较为严重。总之，玉米种子质量问题产生的原因，主要有以下4个方面。

（1）自交系繁殖田去杂不及时。杂交制种田由于亲本纯度不高，去杂、去劣不严格、不及时、不彻底，或母本自交系去雄不及时、不彻底，致使异品种株、本品种变异株或母本系散粉，产生非本品种的杂合粒和母本系自交粒。

（2）隔离条件不符合要求。使异品种花粉传入，产生异种杂合籽粒。

（3）混入异品种种子。在种子收获、运输、晾晒、脱粒、贮藏的过程中疏忽大意，混入了异品种种子。

（4）无证繁育。个人无证繁育的种子，质量问题很多，但仍非法出售。

2. 玉米种子质量的鉴别方法

鉴别种子质量的好坏实际上是很复杂，一般来说可以参照下列几点进行鉴别。

（1）纯度。影响玉米杂交种纯度的杂株，一类是混杂株，一类是母本去雄不彻底造成的母本自交株。前者的粒型、穗型与典型杂交种有明显区别，易区分；后者从形态上与杂交种无法区别，但由于接受的花粉来源不同，籽粒胚乳层的颜色及透明度有不同表现。这种父本性状在杂交当代直接表现的现象称为花粉直感。据此,可直接将杂交粒与母本自交粒区分开来。

普通玉米杂交种籽粒类型可分为马齿型、半马齿型和硬粒型3种。杂交种的形状、大小一般都像母本种子。一般一个制种区的玉米杂交种形状大小比较均匀一致,购种时应注意。种子的大小、色泽、粒型、粒形等差距较小,且很近似,这种种子多数纯度较高。如果种子的籽粒大小、色泽、粒型、粒形相差较大,说明这个种子的混杂率较高,这样的种子,一般不要买。凡是多数与您认识的品种固有的颜色、粒型、粒形不同,这样种子是假的或劣的可能性大。

(2)发芽率。主要看种子在保存过程中有否霉变、发烂、虫蛀、颜色变暗等情况,打开种子包有一股霉味,说明这种子已变质,发芽率不会太高,不要轻易购买。购买时看种子有无光泽主要是判断种子的新陈。色泽鲜亮是新收获的种子,色泽较暗的种子可能是隔年陈种。在大田生产中,种子发芽率达不到85%多数是不能用的,或者需要加大播种量。

(3)干湿度。凡种子潮湿,都有可能发霉变质。在买种子时,你可先将手伸入种子袋,根据直感判断种子的干湿度。凡是无味且有清脆的感觉是比较干的;反之,有阴沉潮湿的感觉且味不正,说明种子较潮湿。另外,你可抓一些种子放在手中搓几下,发出清脆而唰唰的声音是较干的,反之是湿的。

第二节　耕作

一、春玉米耕作技术

春玉米在前作收获后应立即灭茬,施用基肥,冬前深耕,可使土壤有较长的熟化时间,并有利于积蓄雨雪;可使土肥相融,提高土壤肥力和蓄水保墒能力,比春施基肥更能发挥增产作用。

春玉米耕深一般以25~35厘米为宜,具体运用要因地制宜,凡上沙下黏或上黏下沙,耕层以下紧接着有黏土层的,可适当深耕,以便沙黏结合,改造土层;如果土层较薄,下层为沙砾、流沙或卵石层,则不宜深耕;上碱下不碱的,可适当深耕;下碱上不碱的,要适当浅耕,不要把碱土翻上来;土层深厚、地力较高、施基肥较多的地块可耕深一些,反之耕浅些。深耕有一定的后效,不需年年进行。干旱地区冬前深耕后,应及时耙耕,防止跑墒。一般地区可以晾垡,接纳雨雪,经过冬春冻融,可以促进土壤熟化,还可冻死虫蛹,减轻虫害。但冬前耕地必须在早春土壤刚解冻时进行,及早耙耕,减少蒸发。

春季耕地可结合施用基肥,及早耕翻,宜浅不宜深,耕后立即耙耢,避免土壤失墒。特别是春旱多风地区,应多次耙耢,使土壤上虚下实。播种前再镇压提墒,确保玉米出苗。

二、夏玉米耕作技术

夏玉米生长期短,抢时、抢墒、早播是实现高产的关键,因往往来不及整地或整地质量较差,需要在前茬作物播种前实施深耕整地,并且在玉米出苗以后的管理措施中予以补救。但是,在玉米播种前根据不同情况采取适宜的整地措施,努力提高整地质量,也可以为田间管理争得主动,为玉米丰产打下良好基础。

在机械化水平较高的地方,夏直播玉米可以增施基肥,全面浅耕、耙耢,或者用圆盘耙深耙整平。在机械化水平稍差的地方,可以采取局部整地的方法,只在玉米播种行内开沟,集中施肥,用松土机对播种行实行深松,耙平后立即播种。玉米出苗后再对行间进行中耕。播种过晚或种植生育期较长的品种时,可以铁茬播种争取时间,出苗后及时中耕松土。麦田套种玉米可以在小麦返青时在套种行内开沟施肥,整平待播。

三、玉米保护性耕作

保护性耕作技术是对农田实行免耕、少耕,尽可能减少土壤耕作,并用作物秸秆、残茬覆盖地表,减少土壤风蚀、水蚀,提高土壤肥力和抗旱能力的一项先进农业耕作技术。

(一)保护性耕作与传统耕作的区别

保护性耕作与传统耕作的区别如下。

(1)作物收获后留根茬,并保证播种后30%以上的秸秆覆盖地表。

(2)减少耕作次数,降低生产成本。

(3)采用化学除草或者机械除草。

(4)取消铧式犁耕翻,实行免耕或少耕。

(二)保护性耕作的优点

保护性耕作的好处如下。

(1)蓄水保墒。秸秆覆盖免耕保持了土壤孔隙度,孔径分布均匀,连续而且稳定,因此,有较高的入渗能力和保水能力,可把雨水和灌溉水更多的保持在耕层内。而覆盖在地表的秸秆又可减少土壤水分蒸发,在干旱时,土壤的深层水容易因毛细管作用而向上输送,所以秸秆覆盖和免耕增强了土壤的蓄水功能和提高了作物对土壤水分的利用率。

(2)培肥土壤。秸秆覆盖还田既可增加土壤有机质,又可促进土壤微生物的活动,连年秸秆覆盖还田,土壤有机质递增,土壤中的全氮、全磷、速效氮、速效磷也会增加。另外,免少耕本身就有利于土壤有机质的积累。

(三)玉米保护性耕作模式

保护性耕作的主要技术模式有:玉米宽窄行休闲种植技术、玉米垄侧保墒生产技术、留高茬原垄浅旋灭茬与留茬覆盖免耕播种技术、玉米沟垄交替休闲种植机械化生产技术等,下面对目前应用面积较大的玉米宽窄行休闲种植技术和玉米垄侧保墒生产技术作简单介绍。

1. 玉米宽窄行休闲种植技术

主要生产技术要点:把原 65 厘米行距的两垄做成一个条带,改种成 40 ~ 90 厘米宽窄行。第一年在 40 厘米窄行上种两行玉米,夏季在 90 厘米行距内深松 25 厘米,幅宽 50 厘米,秋季两行玉米留高茬 60 ~ 70 厘米(茎秆重量占全株 30% ~ 40%)。翌年在原宽行距深松带上播种双行玉米,行距 40 厘米。原留高茬地方成为 90 厘米宽行,夏季(6 月下旬)深松、灭茬,就地腐熟还田。

2. 玉米垄侧保墒生产技术(大家形象的称它为抠帮种)

主要生产技术要点如下。

(1)玉米田不进行机械灭茬和深翻。

(2)播种方式。一是人工等距点播,平地(垄距较窄的)第一年采取该生产方式的地块,可在原垄沟靠近另一条垄侧处先浅穿一犁,施入化肥,做到化肥深施,然后在垄侧深穿一犁起垄,用播种器人工精量播种并施入口肥,覆土并脚踏镇压保墒。坡地或垄距较宽的地块可先在垄沟施入底肥,然后直接在垄侧深穿一犁起垄,用播种器播种,然后覆土。二是跟犁种,在老垄沟施入底肥,在垄侧穿一犁破茬然后跟犁种,并施入口肥,最后在同一垄侧深穿一犁,掏墒覆土,单磙镇压。

第三节 种子处理

一、良种选择

良种是增产的内因,在玉米增产中良种的增产作用占

30% ~50%,实行良种良法配套才能实现玉米高产稳产。

二、种子处理

玉米在播种前,可通过晒种、浸种和药剂拌种等方法,增加种子生活力,提高种子发芽势和发芽率,减轻病虫危害,以达到苗全、苗齐、苗壮的目的。

(一)晒种

在播种前选择晴天,将种子摊在干燥向阳的土场上,连续暴晒2~3天,并注意翻动,使种子晒均匀,可提高出苗率。

(二)浸种

在播种前用冷水浸种12小时,或用温汤(水温55~57℃)浸种6~10小时。还可用0.15%~0.20%的磷酸二氢钾浸种12小时。用微量元素浸种的,可用锌、铜、锰、硼、钼的化合物,配成水溶液浸种。浸种常用的浓度,硫酸锌为0.1%~0.2%,硫酸铜为0.01%~0.05%,硫酸锰或钼酸铵为0.1%左右,硼酸为0.05%左右。浸种时间为12小时左右。

(三)药剂拌种

在浸种后晾干,再用种子量0.5%的硫酸铜拌种,可减轻玉米黑粉病的发生;还可用20%的萎锈灵拌种,用药量是种子量的1%,可以防治玉米丝黑穗病。对防治地下害虫可用50%辛硫磷乳油拌种,药、水、种子的配比为1:(40~50):(500~600);或用40%甲基异柳磷乳油拌种,药、水、种子配比为1:(30~40):400。

(四)种衣剂包衣

种衣剂是由杀虫剂、杀菌剂、微量元素、植物生长调节剂、缓释剂和成膜剂等加工制成的药肥复合型产品,用种衣剂包衣,既能防治病虫,又可促进玉米生长发育,具有提高产量和改进品质的功效。当前生产上应用的20%种衣剂19号是玉米专用种衣剂,可以防治玉米蚜虫、蓟马、地下害虫、线虫以及由镰刀菌和腐霉菌引起的茎基腐病,防止玉米微量元素的缺乏,促进生长发育,实现增产增收。包衣用量每千克种子需有效成分 4 克,1 千克种衣剂可包种子 50 千克,药量为种子量的 2%。种衣剂要直接用于包衣,不能再加水或其他物质。包衣时间不能太晚,最迟在播种前 2 周包衣备用,以便于种衣膜固化而不至于脱落。人工包衣时要注意安全,避免中毒。

第四节 播种

一、播种期

确定玉米的适宜播期,必须考虑温度、墒情和品种特性等因素,除此以外,还应考虑当地地势、土质、生产制度等条件,使高产品种充分发挥其增产潜力。东北和西北地区一般 4~5 月播种春玉米,华北地区在 4 月中下旬播种春玉米,黄淮海地区 5 月下旬至 6 月中旬播种夏玉米,长江流域 7~8 月播种秋玉米,华南地区 11~12 月播种冬玉米。南方一般在 3 月中旬至 4 月上旬播种春玉米,华南还有部分地区在 2 月播种早玉米。

二、播种量和播深

播种量因种子大小、种子生活力、种植密度、种植方法和生产的目的而不同。凡是种子大、种子生活力低和种植密度大时,播种量应适当增大,反之应适当减少。一般条播每亩需种子 3~4 千克,点播每亩 2~3 千克。播种深度要适宜,深浅要一致。一般播种深度以 5~6 厘米为宜。如果土壤黏重、墒情好时,应适当浅些,可 4~5 厘米;土壤质地疏松、易于干燥的沙质土壤,应播种深一些,可增加到 6~8 厘米,但最深不宜超过 10

厘米。

三、合理密植

玉米的单位面积穗数、穗粒数和粒重均受种植密度的影响。种植密度过稀，不能充分利用土地、空间、养分和阳光，虽然单株生长发育好，穗大、籽粒饱满，但由于减少了全田的总穗数，从而造成单位面积产量不高。种植过密，虽然每亩总穗数增加了，但因造成全田荫蔽，通风透光不良，严重抑制了单株的生长发育，造成空秆、倒伏、穗小、粒轻，也降低单位面积产量。只有种植密度合理，穗数、穗粒数、粒重协调发展，才能增产。

合理密植就是要因地制宜地增加每亩种植株数，扩大绿色叶面积和根系的吸收面积，有效利用光、热、水、气、肥等要素，生产出更多的干物质。生产中是根据土、肥、水条件及品种、种植方式、田间管理水平来确定每亩种植的株数。这样既保证个体的正常发育，又促进群体的充分发展，从而妥善地解决穗多、穗大、粒重的矛盾，在单位面积上获得较高的产量。合理密植是增产的关键技术措施之一。

正如农民群众所说："稀稀朗朗，浪费土壤；合理密植，多打粮食。"密度太小，即使每株结的穗子大，也因为每亩穗数少而不会有较高的产量。过密，虽然每亩穗数增加，但由于穗子小、空秆多而产量不高。在具体安排玉米种植密度时，一定要根据品种特性、施肥水平、土壤肥力、气候特点、播种早迟等因素进行综合考虑。

(一)合理密植的原则

1. 紧凑型品种宜密，平展型品种宜稀

紧凑型玉米茎叶夹角小，上部叶片趋于直立，透光性好，适宜密植。茎叶夹角越小，株型越紧凑，适宜密植的程度越高。紧凑型品种比平展型品种每亩多种 1 000 ~ 1 500 株。由于品种间的生育期不同,叶面积和株型相差较大,种植密度也不一样。晚熟品种植株高大,生育期长,种植密度要比中熟种和早熟种稀一些。

2. 肥地宜密,瘦地宜稀

同一个品种在不同的肥力条件下,适宜密度也不尽相同。一般情况是瘦地宜稀,采用适宜密度的下限;肥地宜密,采用适宜密度的上限。同一个品种在瘦地上每亩密度为 5 000 株,肥地上每亩密度为 5 500 株;土壤肥沃、施肥量高的土地,每亩可增加500 株;在亩产吨粮的攻关田里,每亩密度可达 6 000 株。

3. 沙土宜密,黏土宜稀

土壤通透性对玉米根系生长影响较大。沙壤土的通透性好于黏土,表现在沙壤土中的玉米根系干重要比黏土中的明显重。因此,同一品种在沙壤土上的种植密度比在黏土上要大一些。

4. 早播宜密,迟播宜稀

适时早播的玉米,幼苗生长阶段处于较干旱的气候条件下,水肥供应受到一定的抑制,有利于“蹲苗”,一般不会徒长,生长较稳健,植株节间相对较短,到中后期表现出植株不高、秆粗、滑秆少的优势,宜适当密植。而迟播的玉米,苗期高温多湿,茎叶生长较快,没有“蹲苗”时间,若种植密度过大,植株就会增高,节间相对加长,滑秆增多,还易倒伏,应适当降低种植密度。

5. 根据日照、温度等生态条件定密度

短日照、气温高,可促进发育,从出苗到抽穗所需日数就会缩短;反之,生育期延长。因此,同一类型品种,南方的适宜密度高于北方,夏播可密些,春播可稀些。

(二)合理密植的方法

1. 种植方式

调整种植密度和种植方式是改善群体结构的途径之一,而种植方式决定着其适宜的种植密度。在确定合理密度的同时,应当考虑采用适宜的种植方式,更好地发挥密植增产的作用。目前,玉米种植方式主要有两种,一是等行距种植,二是宽窄行种植。

(1)等行距种植。在玉米田内按一定的距离播种,在行内条播或点播玉米,使行距一致,一般60～70厘米,株距随密度而定,行距大于株距。等行距种植的特点是植株抽穗前,叶片、根系分布均匀,能充分利用养分和阳光;生育后期植株各器官在空间的分布合理,能充分利用光能,制造更多的光合产物;播种、定苗、中耕、锄草和施肥技术等都便于操作。但在肥水足、密度大时,后期群体个体矛盾尖锐,影响产量提高。

(2)宽窄行种植。也称大小垄,行距一宽一窄,宽行80～110厘米,窄行30～50厘米,株距根据密度确定,适用于间作、套种。其特点是植株在田间分布不均,生育前期对光能和地力利用较差,但能调节玉米后期个体与群体间的矛盾,在高密度、高水肥条件下,由于大行加宽,有利于中后期通风透光。

2. 密植幅度

根据现有品种类型和生产条件,玉米适宜种植密度为:平展型中晚熟杂交种,3 000～3 500株/亩;紧凑型中晚熟和平展型中早熟杂交种,4 000～4 500株/亩;紧凑型中早熟杂交种,4 500～5 000株/亩。

四、播种

(一)旱地春玉米的播种

旱地玉米生产的核心是蓄墒、借墒和保墒,在播种时应采取以下措施。

第一,要撵墒深种。深种是高原山区常用的一种抗旱、抗倒、防早衰的增产经验。如果土壤墒情差,播种层土壤含水量在12%以下,下层土壤含水量大时,则采用撵墒深种,一般可深种到10~12厘米,充分利用深层土壤底墒保全苗。深种的玉米根层多、扎根深、耐旱、抗倒、防早衰、产量高。在土壤墒情好的情况下,即播种层土壤含水量在12%以上时,一般玉米播种深度5~6厘米,硬粒型玉米顶土力强,种得深些,马齿型玉米顶土力弱,种得浅些。

第二,抢墒播种。早春土壤解冻后表层水分多或雨后湿度大,应尽量抢墒早播。可把播期提早10~15天,趁墒播种。东北黑龙江南部土壤返浆期在4月20日至5月5日,此时土壤水分充足,播种玉米出苗率高,成熟期一般可提早4~5天。

第三,要提墒播种。玉米播种前,表层干土已达6厘米左右,而下层土壤墒情尚好时,可在播种前后及时镇压地表,使土壤紧实,增加种子和土壤的接触面,促进下层土壤水分上升。

第四,等雨播种。长期干旱,难以用其他抗旱措施保证玉米出苗时,就要选用早熟玉米品种,待下透雨后及时播种。如果降雨太晚,错过了玉米的播种适期,则应改种其他早熟作物。

(二)水浇地春玉米的播种

水浇地春玉米有灌溉条件,基本不受自然降雨的限制,可根据需要进行灌应适时播种,提高播种质量,实现高产稳产。

华北等地有"十年九旱"之说,春季土壤水分不足,常常影响种子发芽和幼苗的生长,造成缺苗、弱苗和大小苗现象。华北和西北地区的传统经验,一般在秋耕晒垡的基础上,进行冬灌和早春灌水。冬灌比春灌好,早春灌比晚灌好。冬灌早春地温高,蒸发少,蓄水量大,避免春季与小麦争水,还有利于消灭越冬害虫。所以,有条件冬灌的地区尽量冬灌或早春土壤解冻后及早春灌。随着生产水平的提高和节水农业的推广,有些地区已改为播后浇水或人工喷灌 4~5 小时,节水增产效益明显。

(三)麦田套种玉米的播种

夏播无早,越早越好。夏玉米早播最有效的途径是麦田套种。黄淮海地区小麦或玉米一年一作积温有余,两作不足,夏直播只能选用中早熟玉米品种,产量受到限制。而麦田套种玉米可增加积温 300~400℃,又能使夏玉米躲过芽涝,一般比麦后直播增产 10%~15%,高者可达 20% 左右,是一项基本不增加成本又可增产的低耗高效生产措施。

套种玉米要选用增产潜力较大的品种,在确定套种适期时应该掌握以下原则:一是满足所用品种对全生育期总积温的要求;二是使玉米生长发育所需高温期与自然高温阶段相吻合,满足开花期、灌浆期、成熟期日平均温度达 20~26℃ 的要求,后期躲开低温;三是前期躲开芽涝,并使玉米最大需水期与汛期降雨相吻合;四是保证"秋分"前后成熟,及时腾茬种小麦。考虑到上述因素,一般可以把玉米和小麦的共生期限定为 7~15 天,这样既能满足一般玉米品种的积温要求,又能把套种玉米的小株率压缩到较低水平,从而实现增产目标。

套种玉米的播种和早期管理都不如直播玉米方便,搞不好就会降低玉米生长的整齐度。要想提高玉米生长整齐度,在播种时,必须注意抓好以下 5 个重点环节:一是选用高纯度的杂交一代玉米良种,搞好种子筛选,分级播种。据试验,精选大粒种子播种,比混播的增产 7.5%,比单播小粒种子增产 17.8%。二是适墒匀墒播种。播种时土壤田间相对持水量要达到70%左右，遇旱要浇好造墒水和保苗水。三是播深适宜，均匀一致，覆土盖严。播深要求3~5厘米。四是均匀施肥，种肥适量并与种子隔离。种肥一般为每亩4~5千克标准氮肥。五是种衣剂拌种，防治害虫。要防治好麦田黏虫和地下害虫，减少玉米幼苗受害的机会。

（四）夏直播玉米的播种

夏直播是在小麦收获后播种玉米，其优点是便于机械化操作，播种质量容易提高，出苗比较整齐，有利于提高玉米的生长整齐度。缺点是玉米的生长时间较短，不能种植生育期较长的高产品种。夏直播玉米的播期越早越好，晚播会造成严重减产。要注意选用中早熟品种，并因地制宜采用合理的抢种方法。具体方法主要有两种：一是麦收后先用圆盘耙浅耕灭茬然后播种；二是麦收后不灭在直接播种，待出苗后再于行间中耕灭茬。直播要注意做到：墒情好，深浅一致，覆土严密，施足基肥和种肥。基肥和种肥氮肥占总施肥量的30%~40%，磷、钾肥一次施足。因为种肥和基肥施用量比较多，所以要严格做到种、肥隔离，以防烧种。

第五节　玉米工厂化育苗

玉米育苗，加上地膜覆盖、设施农业等措施的配套，可以争取新鲜果穗提早15~30天上市，由于新鲜果穗与保鲜果穗品质、风味等差异的存在，以及人们饮食观念等影响，两者市场价格、需求数量、吸引消费者程度等方面差异，使提早上市的新鲜果穗价格高、经济效益好、消费量高。因此，玉米工厂化育苗有着广阔的发展前景特别是在城郊结合部，具有交通方便，消费市场广，育苗效益更突出。

①选择地势较高、水源方便、交通便利的地块或温室,筹建玉米育苗基地。

②选择生育期适宜的早熟、中早熟玉米类型、品种的种子,做好播种前晒种等处理。

③床土配制,取无病菌无污染的肥沃土壤,或者河沙若干,准备腐熟的优质有机肥(牛羊猪圈、厩肥)并过筛备用。肥沃土壤按照土壤:有机肥为8:2,或者河沙:有机肥为6:4或7:3的比例,混合均匀待用。

④打支架,一般温室可打架高2.5～3.5米,层高30～40厘米,一般放置6～10层,注意支架的牢固、坚实,确保育苗期间不倒塌。

⑤育苗盘准备,选择适宜的育苗盘,一般选用PVC材质育苗专用盘,装配制好的床土到盘穴1/2高处,点播种子,再用床土填满,淋足水分,装备上架。

⑥把准备好的育苗盘,依次上架,并加强苗床管理,注意室温在12℃以上、35℃以下,最适温度应该控制在20～25℃。

⑦适时移栽,一般要求在苗龄30～45天内移栽,露地移栽时要求0～15厘米深土层温度稳定在12℃以上,确保不受冷害、冻害。加强移栽后的田间管理,促苗早发,提早上市抢好价格取得好的经济效益。

第三章 田间管理

第一节 玉米苗期管理

玉米苗期虽然生长发育缓慢,但处于旺盛生长的前期,其生长发育好坏不仅决定营养器官的数量,而且对后期营养生长、生殖生长、成熟期早晚以及产量高低都有直接影响。因此,因苗期需肥水不多应适量供给,并加强田间管理,促根壮苗,通过合理的生产措施实现苗足、苗齐、苗壮和早发。

一、查苗补栽

查苗补栽主要针对春玉米而言,春玉米生产上往往缺苗严重,保证不了足够的株数和穗数,严重影响产量。解决的办法是育苗移栽。幼苗移栽的方式有两种:一是带土移栽;二是不带土移栽。移栽时要选壮苗、根系完全的苗,移栽深度要保留原播种深度,栽后应将周围土壤压实,苗子周围略低于地面,利于接纳雨水。阴雨天移苗成活率高,如果栽后遇晴天,应及时浇水。

二、及时间苗、定苗

及时间苗、定苗是减少弱株率,提高群体整齐度,保证合理密度的重要环节。间苗、定苗时间要因地、因苗、因具体条件确定。生产上一般掌握 3 片可见叶时间苗,5 片可见叶时定苗。干旱条件下应适当早间苗、定苗。病虫害较重时,宜适当推迟间苗、定苗。定苗时应做到去弱苗,留壮苗;去过大苗和弱小苗,留大小一致的苗;去病残苗,留健苗;去杂苗,留纯苗。双株留苗时,要选留两苗相距5~10厘米、长势一致的壮苗。为确保收获密度和提高群体整齐度及补充田间伤苗,定苗时要多留计划密度的5%左右,其后在田间管理中拔除病弱株。

三、及时中耕、除草

套种玉米、夏直播玉米、黏土地以及盐碱地玉米为防止土壤干旱板结,根系生长不良,一般需趁墒情适宜时及时中耕松土,破除板结,疏松土壤,促进根系发育,以此达到保墒、保根、保苗的效果。苗期一般中耕2次。

杂草耗肥、耗水、争光,也是玉米苗期某些病害、虫害的中间寄主,对玉米苗期的正常生长发育影响较大,严重时会形成弱苗。防治方法除中耕外,更方便、省力、有效的方法是采用化学除草,即在播种后出苗前地表喷洒除草剂,也可于苗期进行。化学除草要严格选择除草剂种类,准确控制用量。生产实践证明,玉米播种后出苗前使用除草剂乙阿水,每亩150毫升,对水450千克,均匀喷洒地面,除草效果达98%以上;苗期采用50%乙草胺乳剂,每亩100毫升,对水30~40千克,均匀喷洒行间地表,除草效果显著。土壤墒情好时,药效更明显。

四、合理施肥

玉米苗期虽然需肥较少,但营养不良,形不成壮苗,就无法实现高产。苗期追肥有促根、壮苗和促叶、壮秆作用,一般在定苗后至拔节期进行。除使用速效氮、磷、钾肥外,也可追施腐熟有机肥。

追肥时间及用量要根据苗情、叶色、基础施肥量等确定。苗株细弱、叶身窄长、叶色发黄、营养不足的三类苗及移栽苗,要及早追施苗肥,并增加追肥量。套种玉米通常幼苗瘦黄,长势弱,麦收后应立即追施提苗肥。三类苗应先追肥后定苗,并视墒情及时灌溉,以充分发挥肥效。夏直播玉米,未施基肥或种肥时,可结合定苗追肥;土壤肥力高,基肥、种肥量充足时,苗期可只追偏肥。低湿地玉米要早追、多追苗肥,促苗早发,并注意追施有机肥。追肥时对弱苗、补栽苗应施适量"偏肥"。春玉米的施肥技术与夏玉米不同。它是在大量施用基肥、种肥的基础上,在苗期给小苗、弱苗施偏肥,每亩施尿素 5～8 千克,促使小苗、弱苗长成大苗和壮苗。在拔节前后看苗、看地适当轻施一次氮肥,作为攻秆肥。攻秆肥的施用时间比夏玉米要略晚一些,施用量可以根据前期施肥情况灵活掌握。有些地块前期施肥充足,春玉米主产区往往会采取不追攻秆肥,而直接在大喇叭口期追攻穗肥的办法,要注意施肥时间不要太晚,以免出现穗期脱肥现象,影响产量。

五、适当浇水

玉米在苗期耐旱能力较强,一般不需灌溉。但在苗弱、墒情不足时,尤其是套种玉米土壤板结、缺水时,麦收后应立即灌溉。套种期较早,共生期间墒情不足、干旱缺水的,应及时灌溉,确保全苗。夏直播玉米在干旱严重,影响幼苗生长时,也应及时灌溉。但苗期浇水要控制水量,勿大水漫灌。对有旺长倾向的春玉米田,在拔节前后不要浇水,而是通过"蹲苗"或深中耕控制地上茎叶生长,促进地下根系深扎。蹲苗长短,应根据品种生育期长短、土壤墒情、土壤质地、气候状况等灵活掌握。

六、及时防治病虫害

玉米苗期虫害主要有地老虎、黏虫、蚜虫、蓟马等。防治方法为:播种时使用毒土或种衣剂拌种。出苗后可用 2.5% 的敌杀死800~1 000倍液,于傍晚时喷洒苗行地面,或配成0.05%的毒沙撒于苗行两侧,防治地老虎。用40%乐果乳剂1 000~1 500倍液喷洒苗心防治蚜虫、蓟马、稻飞虱。用20%速灭杀丁乳油或50%辛硫磷1 500~2 000倍液防治黏虫。

玉米苗期还容易遭受病毒侵染,是粗缩病、矮花叶病的易发期。及时消灭田间和四周的灰飞虱、蚜虫等,能够减轻病害的发生。

第二节　玉米穗期管理

穗期阶段是玉米一生中非常重要的发育阶段,是玉米营养生长和生殖生长并重的生育阶段,也是玉米一生中生长最迅速、器官建成最旺盛的阶段,需要的养分、水分也比较多,必须加强肥水管理,特别是要重视大喇叭口期的肥水管理。

一、拔除弱株,中耕培土

玉米田生产中由于种子、地力、肥水、病虫危害及营养条件的不均衡,不可避免地产生小株、弱株。小株、弱株既占据一定空间,影响通风透光,消耗肥水,又不能形成相应的产量。因此,应及早拔除,以提高群体质量。

生产实践证明,适时中耕培土既可破除土壤板结,促进气生根生长,提高根系活力,又可方便排水和灌溉,减轻草害和防止倒伏。穗期一般中耕1~2次。拔节至小喇叭口期应深中耕,以促进根系发育,扩大根系吸收范围。小喇叭口期以后,中耕宜浅,以保根蓄墒。培土高度一般不超过10厘米。培土时间在大喇叭口期,可结合追肥进行。培土过早,则抑制节根产生,影响地上部发育。多雨年份,地下水位高的涝洼地,培土增产效果明显,干旱或无灌溉条件的丘陵、山地及干旱年份均不宜培土,以免增加土壤水分蒸发,加重旱情。

二、重施攻穗肥

穗期是玉米追肥最重要的时期。穗期追肥既能满足穗分化发育对养分的要求,又促叶壮秆,利于穗大粒多。不论是春玉米、套种玉米还是夏直播玉米,只要适时适量追施攻穗肥,都能获得显著的增产效果。穗期追肥以速效氮肥为主。追肥时间一般以大喇叭口期为好,具体运用要因苗势、地力确定。

攻穗肥的具体运用应根据地力高低、群体大小、植株长势及苗期施肥情况确定。地力差或土壤缺肥,攻穗肥适当提前,并酌情增加追肥量;套种玉米及受涝玉米穗期追肥应提早;高密度大群体的地块则应增加追肥量。高产田攻穗肥占氮肥总追施量的50% ~60% ,一般每亩追施尿素 50 ~80 千克;中产田攻穗肥占氮肥总追施量的40% ~50% ,一般每亩追施尿素 30 ~50 千克;低产田攻穗肥约占30% ,一般每亩追施尿素 20 ~30 千克。

三、及时浇水和排灌

春玉米产区穗期正处于干旱少雨季节,浇水不及时常受"卡脖旱"的危害。夏玉米穗期气温较高,植株生长旺盛,蒸腾、蒸发量大,需水多,尤其该阶段的后半期需水量更大。这阶段夏玉米产区降水状况差别较大,不少年份降水偏少,出现干旱。套种和夏直播玉米穗期所处的时间不同,降水量也有差别,由于降水分布不均,个别年份在抽雄前后出现旱情。此时干旱主要影响性器官的发育和开花授粉,使空秆率和秃顶度增加。因此,抽雄前后一旦出现旱情,要及时灌溉。

根据高产玉米水分管理经验,玉米穗期阶段要灌好两次水。第 1 次在大喇叭口前后,正是追攻穗肥适期,应结合追肥进行灌溉,以利于发挥肥效,促进气生根生长,增强光合效率。灌水日期及灌水量要依据当时土壤水分状况确定。当0~40厘米土壤含水量低于田间持水量的70%时都要及时灌溉。灌水量一般每亩40~60立方米,干旱时应适当增加。第2次在抽雄前后,一般灌水量要大,但也要看天看地,掌握适度的原则。玉米地面灌水通常采用沟灌或隔沟灌溉,既不影响土壤结构,又节约用水。

玉米穗期虽需水量较多,但土壤水分过多,湿度过大时,也会影响根系活力,从而导致大幅度减产。因此,多雨年份,积水地块,特别是低洼地,遇涝应及时排涝。排涝方法:山丘地要挖堰下沟,涝洼地应挖条田沟,做到沟渠相通,排水流畅。盐碱地可整修台田,易涝地块应在穗期结合培土挖好地内排水沟。

四、注意防病虫、防倒伏

玉米穗期主要病虫害有大斑病、小斑病、茎腐病及玉米螟、高粱条螟或粟灰螟等。玉米大叶斑病、小叶斑病发生初期,摘除底部老叶,喷50%多菌灵500~800倍液防治。药剂防治玉米茎腐病可用10%双效灵200倍液,在拔节期及抽雄前后各喷1次,防治效果可达80%以上。玉米螟一般在小喇叭口期和大喇叭口期发生,应按螟虫测报用3%的呋喃丹颗粒剂或2.5%的辛硫磷颗粒剂撒于心叶丛中防治,每株用量1~3克。

玉米穗期喷施植物生长调节剂具有明显的防倒增产效果。生产上可根据各种植物生长调节剂的作用和特点,按照产品使用说明,选择适宜的种类并严格掌握浓度和喷施时间。

第三节 花粒期管理

玉米抽雄期以后所有叶片均已展开,株高已经定型,除了气生根略有增长外,营养生长基本结束,向单纯生殖生长阶段转化,主要是开花授粉受精和籽粒建成,是形成产量的关键时期。

一、补施粒肥

高产实践证明,玉米生长后期叶面积大,光合效率高,叶片功能期长,是实现高产的基本保证。而玉米绿叶活秆成熟的重要保障之一就是花粒期有充足的无机营养。因此,应酌情追施攻粒肥。

二、及时浇水与排涝

花粒期土壤水分状况是影响根系活力、叶片功能和决定粒数、粒重的重要因素之一。土壤水分不足制约根系对养分的吸收,加速叶片衰亡,减少粒数,降低粒重。因此,加强花粒期水分管理,是保根、保叶、促粒重的主要措施。

综合各地高产玉米水分管理的经验,玉米花粒期应灌好两次关键水:第一次在开花至籽粒形成期,是促粒数的关键水;第二次在乳熟期,是增加粒重的关键水。花粒期灌水要做到因墒而异,灵活运用,沙壤土、轻壤土应增加灌水次数;黏土、壤土可适时适量灌水;群体大的应增加灌水次数及灌水量。

籽粒灌浆过程中,如果田间积水,应及时排涝,以防涝害减产。

三、人工去雄与辅助授粉

人工去雄是一项有效的增产措施,一般可增产 4.1% ~ 14.8%。在群体较大的高产田除去雄穗,增产效果更明显。

去雄应在雄穗刚抽出而尚未开花散粉时多次进行。要掌握去雄时机,避免过早或过晚。可在雄穗抽出 1/3、长 5 ~ 8 厘米时进行,上午露水干后去雄为宜。去雄宜采用隔行去雄或隔株去雄。去雄株数不超过全田株数的一半,地边、地头不要去雄,以利边际玉米雌穗授粉,授粉结束后再去掉所余雄穗。

人工辅助授粉,可减少秃顶、缺粒,增加穗粒数。辅助授粉对抽丝偏晚的植株以及群体偏大、弱株较多的地块效果更为明显。人工辅助授粉时间一般在 9 ~ 11 时露水干后开始,中午高温到来前停止。花丝抽出后 1 ~ 10 天均能受精,一般授粉 2 ~ 3 次,每次隔 3 ~ 5 天为宜。可用容器收集壮株花粉,混合授在花丝上,也可在田间逐行用木棒轻敲未去雄的植株,促使花粉散开,以满足雌穗花丝的授粉要求。

四、中耕除草,防治害虫

后期浅中耕,有破除土壤板结层、松土通气、除草保墒的作用,有利于微生物活动和养分分解,既可促进根系吸收,防止早衰,提高粒重,又为小麦播种创造有利条件。有条件的,可在灌浆后期顺行浅锄 1 次。

花粒期常有玉米螟、黏虫、棉铃虫、蚜虫等为害,特别是近几年蚜虫为害程度有加重趋势,应加强防治。一般用 2.5% 的敌杀死 1 000 倍液喷洒雄穗防治玉米螟,叶面喷洒 50% 辛硫磷 1 500 倍液防治黏虫、棉铃虫,40% 氧化乐果 1 500 ~ 2 000 倍液防治蚜虫。抽丝期亦可用 500 ~ 800 倍的敌敌畏蘸点花丝防治玉米螟、棉铃虫。

第四节 玉米地膜覆盖技术

玉米地膜覆盖生产,是以保温、保墒、保肥为主的一项集成配套高产生产技术,充分发挥杂交良种、配方施肥、科学管理的综合作用,实现玉米高产稳产,全年增产增收。

一、播前准备

(一)选好地块,精耕细整

玉米地膜覆盖生产,是精耕细作高效种植技术,只有选好地块,精细耕整,才能打好高产基础。

(1)选地宜选择土层深厚、土质疏松、有机质丰富、肥力中上等的坪地或缓坡地。陡坡地、渍水地、岩壳地、石渣地都不宜覆膜。

(2)整地冬季深翻炕土,播种前耖耙或旋耕碎垡,栋出石块、未腐烂的前作根茬和杂草,达到耕层深厚,透气性好,土壤细碎,土面平整的标准。

(二)因地制宜,选用良种

选用优良的杂交玉米品种,是玉米地膜覆盖生产创高产的重要条件之一。只有选择比当地露地生产品种的生育期长10~15 天、产量潜力大的杂交品种,才能充分发挥地膜覆盖生产的增产优势。

(1)低山地区宜选用登海 9 号、堰玉 18、宜单 629、中农大451、华玉 04－7 等。

(2)二高山地区宜选用鄂玉 25、鄂玉 18、华玉 9 号等。

(3)高山地区可选用正大 999、湘西 10 号、天池 3 号、西山60 等品种。

(三)精选种子,搞好处理

播种前选晴天晒种 2～3 个太阳日,降低种子含水量,增强种子对水分的渗透力,促进酶的活性,以提高种子的发芽率和发芽势。种子晒好后进行筛选,清除破烂粒、虫伤粒,把大小粒种子充分分开,便于分级播种。未用种衣剂包衣的种子可使用粉锈宁拌种,预防病害和地下害虫为害。方法是 15% 粉锈宁,按 5

克药拌 1 千克种子的比例,把种子和粉锈宁装入塑料袋内,扎紧袋口,充分晃动,以药剂全部黏附在种子上为标准,拌匀后即可播种,随拌随播。

(四)选购地膜,备足肥料

地膜是覆盖生产的主要生产资料。地膜的幅宽、厚度、拉伸强度等质量好坏,直接影响到增温、保墒、保肥的效果。应根据玉米种植方式、土壤质地、生产成本等因素选购地膜,并做好及早备肥等工作。

(1)选购地膜套种方式、土壤细碎的地块可选用 0.005 毫米厚、幅宽 60 厘米的强力超微膜;土壤石渣较多、保水保肥能力较差的地块,宜选用 0.008 毫米厚、幅宽 70 厘米的微膜。

(2)备足肥料肥料是作物的粮食,要想夺高产,必须多施肥,尤其要增施有机肥。山区自然有机肥源比较丰富,应多积造优质农家肥,每亩备足 2 000 ~ 3 000 千克腐熟农家肥,按测土配方要求购足商品化肥,为玉米高产打好物质基础。

二、播种覆膜

(一)带状种植,沟施垄种

山区杂交玉米地种植方式,一般都是带状种植,带宽 150 ~ 200 厘米,秋播时用一半宽的面积种植小麦或马铃薯,预留半幅起垄种植 2 行玉米。

(1)带宽设置高山和二高山地区,种植方式以马铃薯套种玉米为主,带宽设置 150 厘米比较适宜,冬播种植 2 行马铃薯,预留 80 厘米,春季起垄套种 2 行玉米;低山地区的种植方式以小麦套种玉米为主,带宽设置 170 ~ 200 厘米较为适宜,小麦播幅 50%,预留 50% 起垄种植 2 行玉米。种植带向依据地形、地势、常年风向等自然条件而定。地势平坦的地块采取东西向种植;缓坡地依据地势等高线水平设置;风口处要按风向设置。既便于田间操作,又能减轻玉米遭受风灾造成的倒伏危害。

(2)沟施垄种在预留的玉米种植垄上,从中间开 20 厘米深的沟,将有机肥、磷、钾、锌肥及作底肥的一部分,氮肥全部施入沟内,然后覆土盖肥起垄,垄高 15~20 厘米,每垄条穴播种两行玉米,行距 33 厘米左右。

(二)适时足墒,定距播种

玉米地膜覆盖生产,把好播种质量关十分重要,包括播种时期、播种密度、播种深度等。

适期播种。播种适期要考虑两个方面的因素,即温度达到种子发芽的要求,土壤墒情能满足种子发芽和幼苗生长所需要的水分,出苗后避免晚霜冻害。播种时间一要看温度,气温稳定通过 8℃,土壤表层 5 厘米深处温度稳定通过 10℃以上,出苗后能避开 -3℃左右的低温危害;二要看水分,土壤水分保持在田间土壤持水量的 60%~70%。一般掌握地膜覆盖比露地提早 10~15 天播种为宜。播种方法可采用开沟条穴定距摆播或打窝错穴点播,播种覆土深度 3~4 厘米为宜,播种密度依据品种特征特性而定,一般紧凑型品种、中穗型品种、高山地区可适当密植,4 000~4 500 株/亩为宜;半紧凑型或平展型品种、大穗型品种、中低山地区适当稀植,3 500~4 000 株/亩为宜。

(三)化学除草,严密覆膜

玉米播种后用平口耙将垄面整平,清除石块、残枝,喷施化肥除草剂,随即覆盖地膜,覆盖方式可采取人工覆膜或机械覆膜,不管哪种方式,都必须把膜拉紧,铺平,四边用土封严,膜面保持 35 厘米以上,以利于采光增温。

(四)深开沟渠,防涝排清

南方地区玉米生长期间雨水比较多,尤其是西南地区,降雨日数多,雨量大。易出现溃涝灾害,特别是峡谷冲积坪田,必须开好田间排水沟和田外排水沟,确保暴雨期间无涝灾,雨后田间无积水。开沟标准:坪墙地中间开"十字沟",沟深 25 ~ 30 厘米;四边开围沟。沟深 35 ~ 40 厘米,沟沟相通,沟直底平,排水畅通。靠山坡的地块,山边要开一条大排水沟,以栏截山上的雨水,防止进地冲毁农作物。

三、田间管理

(一)破膜放苗,查苗补缺

玉米地覆膜生产的出苗比较集中,幼苗生长比较快,要切实做好破膜放苗,预防苗子徒长或晴天中午高温烧苗,发现缺苗及时补栽,确保全苗。

(1)及时放苗正常情况下,一般在播种后 12 ~ 15 天,幼苗 2 叶 1 心期放苗;遇到寒潮天气,可在冷尾暖头及时放苗;若遇晴天高温,应在 16 时后放苗。放苗的方法比较多,可用竹签、铁丝钩等准苗上的地膜破 1 ~ 2 厘米的小孔,将苗放出膜外,并用细土封严膜口。

(2)查苗补缺因土壤墒情不足造成的却苗断垄,应及时采取温水侵种催芽补种,浇足水分,细土盖种。若遭受地下害虫为害造成缺苗,可采取移苗补栽,或在相邻播种穴上留双苗,确保种植密度。

(二)适时定苗,除掉分蘖

玉米地膜覆盖生产,幼苗生长快,分蘖比较多,应适时定苗,及时去掉分蘖是培育壮苗的重要技术环节。

(1)定苗时间可依据 3 个方面的情况而定,一看叶龄,在正常情况下,当幼苗生长到 4 片叶左右时定苗;二看害虫,地下害虫比较多的地方,可适当推迟定苗时间,以 5 叶期为宜;三看天气,寒潮过后及时定苗,预防寒潮造成损伤或死苗。

(2)定苗方法在掌握去弱留壮的基础上,去苗时用左手按住要留苗茎基,右手捏住应拔掉苗子的茎向上连根拔起,避免影响所留苗的根系生长。

(3)早去分蘖地膜玉米生长健壮,常在7～8片叶期,从基部1～3节叶鞘内长出分蘖,既消耗养分,又不能成穗,应及早除掉。去蘖的方法是用手横向掰掉,不能向上拔,最好在晴天去蘖,有利于伤口较快愈合,减少病害侵染。

(三)定距打孔,追施穗肥

玉米进入拔节孕穗期,是营养生长和生殖生长旺盛的阶段,也是玉米一生中吸收养分最快、数量最多,决定株壮、穗大、高产的关键时期。尤其是地膜覆盖后,地温升高,墒情适宜,微生物活动旺盛,加速养分分解,促进植株生长茂盛,适时足量追肥穗肥,增产效果十分显著。

(1)追肥数量依据玉米需肥规律及苗情长势,确定适宜的追肥数量。产量水平在500～600千克/亩的地块,需要吸收纯氮15～16千克,在底肥施足70%的基础上,每亩穗肥需施纯氮6千克左右,相当于13千克尿素,对长势差的适当多施、偏施、长势旺的适当少施。

(2)追肥时间玉米追穗的最佳时间在雄穗分化小穗和小花期。此时叶龄指数为50～60,植株外形为大喇叭口期。如以总叶数20片的中熟品种为例,全展叶10～11片,追肥比较适宜。对叶色淡绿色呈现脱肥现象的田块,可提早3～5天追肥。

(3)追肥方法推广打孔追肥,提高肥料利用效率。使用打孔器在行株间打孔,每两株间打一孔,把肥料丢入孔内,随即用细土封严空口。

(四)培土壅苑,预防倒伏

玉米地膜覆盖生产,植株生长旺盛,在雨水多、风灾频繁的高山地区,要特别加强预防倒伏措施。

(1)倒伏选用株型紧凑、茎秆弹性好、根系发达、抗倒伏性强的品种,预防倒伏。

(2)抗倒在植株大喇叭口期、抽雄期分两次进行培土,每次培土高度以3~5厘米为宜,促进玉米植株基部节气生根系生长,增强抗御风灾的能力。

(3)救倒遇到突袭的大风、暴雨、造成玉米植株倒伏,应在风雨停止后及时人工扶正,将植株扶起,用脚踏实根部,再进行培土。

(五)辅助授粉

大田玉米生产中,在玉米吐丝散粉期遇到高温或长期阴雨等不良天气的影响,常会造成玉米雌穗授粉结实不正常。预防的有效措施是人工辅助授粉。方法是玉米植株开花吐丝期,晴天或阴天9~11时,一人左右手各拿一根3米长的竹竿,顺玉米行间向两边推动植株,促进花粉散落,以提高花丝授粉和结实率。

(六)控制虫害,预防病害

为害玉米的主要害虫有地老虎、玉米螟、蚜虫等,常发病有纹枯病、茎腐病、死黑穗病、大(小)斑病、锈病、褐斑病等。防治措施以农业措施为基础,物理和生物措施为重点。

(七)适时收获,清拣废膜

(1)适时收获玉米果穗。籽粒基部出现黑色层,籽粒的养分通道已经堵塞,标志着籽粒已达到生理成熟;从植株外形看,果穗苞叶由绿色转黄,应适时收获,可使低山和高山地区为套种作物早腾茬,在高山地区减少阴雨霉烂及野兽为害,达到高产丰收。

(2)清拣废膜玉米收获后,地膜已经破碎,不能继续使用,如果不清理干净,残留在土壤内,难以腐烂,污染环境,为害农作物根系生长。要在玉米收获后,将废膜清理干净,集中销售或处理。

第五节　适期收获

一、收获时期

(一)玉米收获适期的确定

玉米收获的适期因品种、播期及生产目的而异。黄淮海及其以南地区的春玉米一般在 8 月下旬到 9 月上旬收获,东北春玉米一般在 9 月底至 10 月上旬收获。夏玉米大致在 9 月下旬至 10 月上旬收获。

以籽粒为收获目标的玉米的收获适期,应按成熟标志确定。玉米籽粒生理成熟的主要标志有两个:一是籽粒基部黑色层形成,二是籽粒乳线消失。玉米成熟时是否形成黑色层,不同品种之间差别很大。玉米果穗下部籽粒乳线消失,籽粒含水量30%左右,果穗苞叶变白而松散时收获粒重最高,玉米的产量最高,可以作为玉米适期收获的主要标志。同时,玉米籽粒基部黑色层形成也是适期收获的重要参考指标。

青贮饲用玉米,为兼顾产量和品质,宜在乳熟末期至蜡熟期收获为宜,这时茎叶青绿,籽粒充实适度,植株含水量70%左右,不仅青贮产量高,而且营养价值高。

既要收获籽粒,又要青贮秸秆的兼用玉米,为兼顾籽粒产量和获得较多的优质青贮饲料,宜在蜡熟末期收获。

甜玉米、糯玉米等特殊用途的玉米,应根据需要确定最佳收获时间。

(二)适期晚收

现在越来越多的人在理论上懂得了玉米适当晚收即可增产

的道理,但是在夏玉米生产实践中却没有完全做到,主要是担心延误小麦播种,造成小麦减产。应当说现在的生产条件比以前改善了,机械化程度提高了,从玉米腾茬到小麦播种的时间已大大缩短,在正常年份适当推迟玉米收获期并不影响适时播种小麦。9月20日前收获玉米的地块向后推迟10天,改为9月30日前收获,在10月5日前后种小麦仍是播种适期,一般比10月1日前播种的小麦病虫害略轻,群体发育更容易协调,旺长和倒伏的危险降低,造成减产的可能性很小,多数是略有增产。在温度和光照条件许可的前提下,无论如何推迟玉米收获期,也比棉花、水稻等作物腾茬要早许多天,所以说玉米晚收并不能造成晚茬麦。播期略晚的小麦还可以通过加大播量和增施肥料来补救,个别地块即便小麦略有减产,但全年统算还是增产增效的。

玉米晚收必须以延长活秆绿叶时间为前提,青枝绿叶活棵成熟才能实现玉米高产。玉米生长中后期要加强肥水管理,延长叶片的光合时间,防止早衰。同时要坚决杜绝成熟前削尖、打叶现象。玉米植株在未干枯前还有大量养料,还能源源不断地输送到未完全成熟的籽粒中去,这种情况下带秆收获也有一定的增产作用。

二、收获方法

粒用玉米收获时先收玉米果穗,晾晒干燥后脱粒。籽粒含水量降到13%以下时,即可安全贮藏。由于玉米收获时籽粒含水量较高,而且籽粒还有后熟作用,收获后仍含有大量可溶性糖,通过后熟而逐渐转化为淀粉贮藏在籽粒内,所以,果穗收获后,不要立即脱粒,而应使果穗风干,促进成熟和脱水,增加籽粒中淀粉的积累。有些玉米品种成熟时秸秆仍嫩绿,如果适时青贮,可以提高秸秆饲用价值,增加综合收益,促进养殖业发展。

玉米的收获方法,分人工收获和机械收获两种。目前农村仍以人工收获为主,但是机械收获的数量越来越大,特别是大型农场和具备机械条件的村镇多采用机械收获。

人工收获即人工收获果穗,运回后剥去苞叶晾晒,或留部分苞叶,将其编成条挂晒。收割时留茬高度不宜超过10厘米,低茬收割对消灭玉米螟有很大作用。

机械收获主要采用玉米联合收获机,也可采用人工摘穗、机械收割茎杆的分段收获方式。玉米联合收获机能一次完成割杆、摘穗和切碎茎叶等工序,速度快,效率高。采用联合收获机作业,既提高了收获速度,又达到了秸秆还田培肥地力的目的。分段收获,机械仅承担割杆、切碎工序,灵活方便,实用性强,适应性广。

三、脱粒

我国玉米主产区在北方,玉米收获时气温已比较低,致使刚收获的玉米原始水分较大,玉米籽粒含水量一般在20%~35%。加之同一果穗顶部和基部授粉时间不同,导致玉米籽粒的成熟度不同,脱粒时很容易产生破碎籽粒,故脱粒前要先将玉米果穗晾晒或风干,使籽粒含水量降低到20%以下。当前一些农户采用通风穗藏的方法,经过冬天的自然风干,来年春天玉米含水量降至14%以下时再脱粒,能够提高脱粒和贮藏的质量。

目前,农村脱粒机械仍以小型脱粒机为主,手工脱粒的也不少。大型农场或规模经营单位多以大型脱粒机为主。小型玉米脱粒机有手摇、脚踏等多种机具,它结构简单、成本低、使用方便,但效率较低,每小时脱粒20~30千克。大型脱粒机功率大,效率高,每小时脱粒2 500~3 500千克,脱下的籽粒经过风选,清除了杂质,纯净了籽粒。

四、籽粒晾晒

当前生产上主要利用太阳能晾晒籽粒。晾晒场地应坚硬平坦、阳光充足、通风良好,如水泥场地、平房顶等。籽粒摊放厚度以 3 ~ 5 厘米为宜。要注意翻动粮层加速干燥。籽粒含水量达到安全水分限度时,用扬场机或以人工扬场法清除籽粒中的杂质,然后入仓贮藏。

第六节 沙化瘠薄地生产技术

土沙化地区气候干燥,降水量小,蒸发量大,大风天数较多,土壤以砂壤土为主,沙化地保水保肥能力差,漏水漏肥严重,加之风灾、旱灾严重,极不利于玉米生长,玉米产量长期低而不稳。玉米全覆膜垄作灌节水生产技术,能够有效的节水增产,平均节水 3 000 立方米/公顷,增产 4 500 千克/公顷,取得了较好的经济效益。其主要技术要点如下。

一、精细整地,科学施肥

选择土层较厚的地块,前茬以豆类、马铃薯、小麦、蔬菜等为佳。早春及早耙耱、镇压保墒。基肥结合整地秋施或在起垄时集中施入垄底,一般施优质农家肥 60 ~ 75 吨/公顷、普通过磷酸钙 750 ~ 1 125 千克/公顷、尿素 300 千克/公顷、硫酸钾 37.5 千克/公顷。

二、起垄覆膜

3 月上中旬耕作层解冻后用起垄机起垄,垄面宽 50 厘米,垄高 15 ~ 20 厘米,沟底宽 40 厘米,要求垄面和垄沟宽窄均匀,垄脊高低一致。起垄后立即用幅宽 120 厘米、厚 0.008 毫米的地膜全膜覆盖,相邻两垄沟间不留空隙,但留渗水口,两幅膜相接在垄沟中间,用下一垄沟的表土压住上一沟地膜,每隔 1.5 ~ 2.0 毫米横压土腰带固膜。杂草为害严重的地块,起垄后覆膜前用 50% 乙草胺乳油 800 ~ 1 000 倍液全地面喷洒,土壤湿度大、温度较高时,用 50% 乙草胺乳油 500 ~ 600 倍液喷洒,冷凉灌区用 50% 乙草胺乳油 250 ~ 300 倍液喷洒后覆膜。

三、选用良种

玉米品种要求增产潜力大,耐密植、耐瘠薄、抗病、抗旱、适应性强的品种。旱节水高产型品种对提高旱地玉米产量十分关键。用包衣种子或者对种子包衣,防治病虫害。

四、适期播种

一般在 4 月中下旬,当地温稳定通过 10℃ 时播种,播种过早地温低,影响出苗,播种过迟则影响产量。播种时用播种枪在垄侧穴播,株距 21 ~ 23 厘米,播深 3 ~ 5 厘米,每穴播 2 粒,播后用土封穴。保苗 70 000 ~ 80 000 株/公顷。

五、田间管理

1. 检查地膜

播种后要不定期检查是否有破洞或大风揭膜,发现被风揭膜要及时盖好,以保证生育期地膜完整。

2. 放苗、定苗

覆膜玉米从播种到出苗需 10 ~ 15 天,应在早晨、下午及时放苗,并使幼苗逐步得到锻炼。3 ~ 4 叶期间苗,4 ~ 5 叶期定苗,每穴留壮苗 1 株,空穴两边可留双苗。

3. 灌水

灌水分别在拔节、大喇叭口、抽雄期、灌浆期、乳熟期5个时期进行。一般在6月上中旬开始灌头水，灌头水(苗水)前2~3天要打好渗水孔，每次灌水定额600~750立方米，大喇叭口期灌二水。一般沟灌不得超过沟深的2/3，水以漫过播种穴为好。

4. 追肥

玉米生长期结合灌水追施氮肥2~3次。拔节期结合灌头水在株间穴施(或用点播器)尿素225千克/公顷，穴施后覆土。大喇叭1:3期结合灌二水追施尿素300~375千克/公顷，灌浆期可根据玉米长势适当追肥，一般追施尿素不超过150千克/公顷。

六、病虫害防治

玉米的主要病虫害有红蜘蛛、玉米螟、玉米疯顶病、丝黑穗病、瘤黑粉病等。红蜘蛛发生初期用1.8%阿维菌素乳油2 000倍液，或用20%灭扫利乳油2 000倍液，或用10%吡虫啉可湿性粉剂1 500倍液喷雾防治，间隔7~10天喷药1次，连喷2~3次；玉米螟可用3%辛硫磷颗粒剂3.75千克/公顷或Bt乳剂100~150毫升/公顷加细沙5千克施于心叶内防治，间隔7~10天防1次，连防2次。玉米疯顶病在播前用58%甲霜磷锰锌可湿性粉剂，或用64%恶霜锰锌可湿性粉剂(杀毒矾)按种子量的0.4%拌种，或发病初期(苗期)用1:1:150波尔多液喷雾防治，间隔7~14天喷药1次，连喷2~3次。玉米丝黑穗病播前用20%粉锈宁乳油100毫升拌玉米种子25千克，或用3%敌萎丹悬乳剂300毫升拌玉米种子100千克，堆放23天后播种。玉米瘤黑粉病播前用50%福美双可湿性粉剂按种子量0.2%药量拌种，或用25%三唑酮可湿性粉剂按种子量0.30%的药量拌种防治。

七、收获

全膜垄作玉米较露地玉米成熟早,当苞叶变黄籽粒变硬,有光泽时应及时进行收获。收获后及时清除田间残膜,防治污染农田同时便于下茬生产。

第七节 耐盐碱地玉米生产技术

盐碱地干旱少雨、水分蒸发量大、土壤盐分高,对玉米的生长发育常产生危害,严重制约了玉米产量的提高。利用选用良种、保证水分、减少盐分、合理耕作等措施以提高盐碱地春播玉米产量。

盐碱地玉米高产生产技术其主要技术要点包括改良土壤增强水肥气热能力,良种良法一次播种保全苗、适时早播合理密植、加强田间管理、掌握玉米需肥规律、配方施肥,适时晚收降低生产成本。

一、合理轮作倒茬,改良土壤

土壤是玉米生长发育的基础,良好的土壤条件是获得玉米高产的关键。加强盐碱地土壤田块的改良,为玉米生长提供良好的生育环境,使之达到玉米高产稳产的目的。对盐碱重的地块轮作绿豆、苜蓿、草木樨等绿肥作物,绿肥作物耐盐碱性强,生物量较大。加大种植密度,在地上部分生物产量最高时打碎,翻入土中,可以有效地增加土壤有机质的含量,减轻盐碱的危害,对盐碱地的改良效果好、见效快,第 2 年可种植玉米。

二、秋翻秸秆还田,冬灌水

秋季应及时翻地、平整土地,秋翻为玉米根系生长和吸收肥水创造良好的生理环境条件。深翻可使板结的土壤增加通透性,在好气性微生物的作用下,充分分解释放土壤养分,同时深翻不仅起到熟化土壤作用,亦能起到蓄水、增温、供肥、通气作用,有利于玉米作物根系下扎与扩延,一般深翻至 20 ~ 50 厘米的土壤耕作层。结合秋季深翻秸秆粉碎还田,不仅增加土壤有机质含量,而且腐烂后可以改善土壤结构,增强土壤水肥气热能力和降解土壤 pH 值浓度。冬灌水要做到均匀一致,以达到较好的洗盐效果。对于盐碱比较重的农田,应先深松 30 ~ 35 厘米,然后犁地灌水,每亩灌量达到 150 立方米以上,积水时间超过 24 小时,洗盐效果显著;重盐碱地块,应保持水层 15 厘米 2 ~ 3 天,达到跑盐和洗盐的目的。

三、整地压盐

盐碱地地面要求平整一致,在大面积平整的基础上,小畦内要细平,铲除填平盐包。否则易灌水不匀,造成高处积盐、低处积碱的情况发生,难以保苗。

春季天气干旱多风,随着土壤水分的蒸发,盐分在土壤表层聚集成层。为了避免和减少表面盐结层的形成,要早耕地保墒,在播种时将表层土结层刮除 1 ~ 2 厘米,以降低种子周围土壤的含盐量。

四、选用优良品种

根据当地的土质、气候、生产水平等实际情况,选用推广适宜当地的、高产、优质、抗病、抗耐盐碱、耐瘠薄、抗倒伏、产量潜力大的品种,播前进行晾晒,种衣剂拌种后播种。

五、加强田间管理

1. 适时播种,合理密植

根据当地的气温条件适期播种。以土壤耕层地温稳定在8～10℃时即可播种,采用地膜覆盖生产技术可有效地抑制盐分的上升,种子在土壤中停留时间短,出苗快,受盐碱危害小。

盐碱地玉米苗生长发育迟缓,玉米苗单株生产力较低,因此,要加大种植密度,以群体优势创高产;合理密植可减少地面裸露的时间,减少因土壤水分蒸发而导致的盐分上升。一般紧凑型玉米每亩种植 4 800～5 500株,半紧凑型种植 4 200～5 000株,平展型每亩种植 3 500～4 000株。早熟玉米每亩种植5 000～5 500株,晚熟玉米每亩种植 3 500～4 000株。

2. 提高播种质量保证苗全、苗齐、苗壮、苗健

有的地区采用打畦平播,播种时应做到 4 个一致,即同一块田所用的种子大小基本一致;划线播种,株行距一致;开沟深浅和盖土厚度一致;播种时全田土壤墒情一致。播种深度依土壤质地和墒情而定,一般 4～5 厘米,若土壤黏重或土壤含水量高,应浅播,盖土厚度 2～3 厘米,若土壤墒情不足,应深播 8～10 厘米,盖土厚度 6～8 厘米,播后踏实盖土,减少土壤水分蒸发。

有的地区采用大垄清种形式,平播或沟播。中耕培土形成锥形垄面,防止玉米后期倒伏、排水、降低根系盐碱浓度和掩埋杂草,促进玉米植株的生长发育。

3. 及时间苗定苗

苗玉米 3～4 叶时间苗,4～5 叶时定苗。留大苗、壮苗、健苗,去小苗、病苗、弱苗,适当早定苗有利于单株生长发育并起到蹲苗作用,促其苗全、齐、壮,有利于幼苗根系发达、降低土壤营养消耗,为单株营养生长创造良好的环境条件。

4. 中耕抑盐增温、消灭杂草

玉米行间露地部分极易返盐,应增加中耕次数和深度,中耕次数 2～3 次,中耕深度在 15 厘米以上。播种后及时中耕,切断土壤表层毛细管,控制返盐,提高地温,消灭杂草。在降雨后要及时进行铲地,破除土壤板结,防止土壤返盐。

六、节水灌溉

有条件的地区可采用滴灌技术,滴灌技术可控性强,采用少量多次滴灌方式,使土壤始终保持最优含水状态,既保证玉米苗的正常发育,又可防止深层盐分随水上移。秋耕秋灌与膜下滴灌相结合能够有效的脱盐。

七、科学施肥

坚持测土配方施肥因地制宜推广测土配方施肥技术,根据玉米生产田养分状况和玉米生育过程中的需肥规律,科学施肥。

盐碱地土壤养分低,土壤理化性质差,增施腐熟优质农家肥 3 000～4 000 千克/亩可增加土壤有机质含量,提高土壤保水保肥能力,对改善土壤结构、降低土壤 pH 值浓度、缓冲盐碱危害效果显著。

同时盐碱地 pH 值偏高,磷、锌等元素利用率低,增施磷、锌等肥料。磷、钾肥多做底肥一次性施入生产田,氮肥采取前轻、中重、后轻的施肥理念,拔节前施氮量占总需肥量的 25%,中期玉米营养生长与生殖生长并进期为需氮肥高峰期,约占需肥总量的 60%,生育后期攻粒肥占需肥总量的 15%。

八、病虫草害防治

在玉米播后及时应用除草剂除草,采用乙阿合剂进行喷雾防治。

50%可溶性巴丹500克,加细土或煤渣粉30～40千克拌匀撒入心叶防治玉米螟。

可用多菌灵可湿性粉剂500倍液,或用50%退菌特可湿性粉剂800倍液,或用75%百菌清可湿性粉剂500～800倍液。每隔7天喷施1次,连续2～3次防治大、小斑病。

九、适时收获

当苞叶变黄籽粒变硬,有光泽时应及时进行收获。有条件的地区可以适时晚收,有利于籽粒脱水,便于堆放,降低脱粒、运输成本。

第八节　涝渍地玉米生产技术

渍涝胁迫是玉米生产中重要的非生物逆境之一,玉米渍涝灾害是影响世界玉米产量提高的重要影响因素,东南亚每年15%的玉米由于渍减产25%～30%,中国发生渍涝的土地面积约为国土面积2/3,其中超过3/4的受灾面积为黄淮平原和长江中下游平原两大粮食主产区,中国玉米渍涝灾害,对玉米的生长发育造成危害,特别是在西南和南方玉米丘陵区,严重制约了玉米产量的提升。

玉米需水量大但又不耐渍涝,在其生育期内极易受过量降雨而引发的渍涝胁迫。涝害对玉米的危害表现为:水分过多使玉米生长缓慢,植株软弱,叶片变黄,茎秆变红,根系发黑并腐烂。玉米不同生育期的抗涝能力不同。苗期抗涝能力弱,7叶期以前土壤含水量达到田间持水量90%时,玉米开始受害;土壤处于饱和状态时,根系生长停止,时间过长则全株死亡。拔节后抗涝能力逐渐增强;成熟期根系衰老,抗涝能力减弱。因此根据玉米的生长发育规律和不同生育期的抗涝能力特点,采用合理的生产技术措施减轻渍涝对玉米危害,是提高多雨易涝地区玉米生产能力的一条重要途径。

一、选用抗涝性强的品种

玉米品种间耐涝差别较大,在涝害多发地区,选用比较适宜当地种植而又较耐涝害的品种,抗涝品种一般根系里具有较发达的气腔,在易涝条件下叶色较好,枯黄叶较少。在易涝地区,选择地势高的地块种植,不宜在地势低洼、土质黏重和地下水位偏高的地块种植。

二、改平作为垄作或台田种植

在易涝地区,可采取畦作、垄作或台田种植。畦作时,在地势高、排水良好的地上采用宽畦浅沟,沟深30厘米左右,每畦种玉米4~6行;在地势低、地下水位高、土壤排水性差的低洼地,则采用窄畦深沟,沟深50~70厘米,每畦种玉米2~4行。垄作时把平地整成垄台和垄沟两部分,玉米种在垄背上。一些低洼盐碱地,为了防涝和洗盐,可采用台田种植,台田面一般比平地高出15~20厘米,四周挖成深50厘米、宽1米左右的排水沟。畦作、垄作和台田种植提高了玉米根系的位置,使其通气改善,提高了玉米的抗涝和耐涝能力。研究表明,玉米开花期淹水1、4、8天,垄作比平作分别增产20%、22.7%和25.2%,且淹水时间越长,垄作的增产幅度越大,效果越显著。有条件地区可覆盖地膜,地膜覆盖可增加地表径流,降低耕层土壤湿度3%~4%,从而避免或减轻土壤渍涝的发生。完善田间排水系统,是发展玉米生产、提高玉米产量的基本措施,地外修排水渠,田间有与行间垂直的排水沟,并使排水沟和行间垄沟相通,排水沟渠畅通无阻,雨来随流,雨停水泄。

三、合理调整播期

玉米苗期最怕涝,拔节后其抗涝能力逐步增强,我国种植玉米的大部分地区夏季多雨,而夏玉米此时正值苗期,抗涝能力差,可调整播期,使最怕涝的生育阶段同多雨易涝的季节错开。若适时早播,抢茬播种,使之在雨季到来之前已进入拔节期,提高其抗逆能力,减轻涝灾对玉米的伤害程度。

四、增肥培地力

在多雨易涝地区,增施有机肥及氮、磷、钾肥,不断提高土壤肥力以改变植株的氮素营养,恢复其生长,是增强玉米抗涝能力、减轻涝害损失的重要措施,一旦发生涝害及时追施速效氮肥,也有减轻涝害的效果。受涝后追施氮肥可促进幼苗迅速恢复生长,比涝后未追肥的增产28% ~ 59.5%。

施用锌肥可明显强玉米的抗渍涝的能力,减轻淹水玉米涝害,增叶绿素降解和叶片膜脂过氧化产物丙二醛积累均减慢,可溶性蛋白质含量下降和过氧化物酶活性的升高均受抑制,超氧化物歧化酶(SOD)和过氧化氢酶活性下降也受控制。玉米受涝后施锌肥,不定根产生数量和株高生长速度均高于受涝后不施锌的玉米植株,而且排水后植株恢复迅速。

苗期喷施细胞分裂素可显著减轻玉米涝渍伤害,叶片内叶绿素的降解和脂质过氧化作用产物丙二醛的增生均为明显减慢,淹水过程中,喷施细胞分裂素能抑制受涝植株叶片的伸长生长,排水后植株生长回复较快。在适当的浓度下促使植株恢复生长加快。

五、及时排水中耕

应及时进行中耕松土,促使玉米恢复生长,是减轻玉米渍涝灾害的有效措施。

六、病虫害防治

涝灾后病虫害往往加重,应做好病虫测报,及时进行防治。

玉米螟可用3%辛硫磷颗粒剂3.75千克/公顷或Bt乳剂100～150毫升/公顷加细沙5千克施于心叶内防治,间隔7～10天防1次,连防2次;48%毒死蜱(乐斯本)乳油1000倍液进行喷雾防治玉米螟。

可用多菌灵可湿性粉剂500倍液,或用50%退菌特可湿性粉剂800倍液,或用75%百菌清可湿性粉剂500～800倍液。每隔7天喷施1次,连续2～3次防治大、小斑病。

用10%吡虫啉可湿性粉剂2000倍液防治蚜虫;用20%速灭杀丁2000～3000倍液喷雾防治黏虫;用40%乐果或73%克螨特1000倍液防治红蜘蛛。

七、促进早熟

玉米遭受涝害后,生育期往往推迟,贪青晚熟,有可能遭受低温冷害的威胁影响产量。可采取隔行或隔株去雄、打底叶、断根、乳熟后剥开苞叶等促早熟措施,以促进灌浆成熟。或者在玉米叶面喷施化学催熟剂,促进早熟,避免减产。

第九节　干旱条件下生产技术

旱作农业在我国现代农业生产中占重要的地位,旱作区耕地面积大、粮食生产潜力大,挖掘旱作区的粮食生产潜力的意义是十分巨大的。在提高旱作区粮食生产综合能力方面,我国很多专家学者都进行了长时间的探索与研究,并取得了一定的成效。主要的旱作技术有早熟区旱地玉米"一增二早三改"高产综合生产技术、玉米全膜双垄集雨沟播生产技术、高效节水玉米膜下滴灌技术、抗旱保水剂覆膜高产生产技术。

一、早熟区旱地玉米"一增二早三改"高产生产技术

山西等省高海拔冷凉早熟区(种植区域海拔1 200米以上,年平均气温6℃以上,≥0℃积温2 500℃以上,无霜期120天,80%保证率的年降水达到450毫米,全生育期降水量300毫米)。旱地玉米种植面较大,但该区有效积温低,无霜期短,水热资源不足,采用早熟玉米品种及其粗放种植技术严重限制了玉米的产量,针对该区客观生态特征及其生产现状,应用旱地玉米"一增二早三改"高产综合生产技术,增产效益显著。

旱地玉米"一增二早三改"高产综合生产技术以增密为核心,提早宽行覆盖,提早播种,改用耐密品种,改用宽窄行双株(或单株)种植,改用精确定量施肥为主要技术措施。

(一)主要技术内容

1. 增密

增加单位面积玉米种植密度,种植密度由原来的45 000株/公顷增加到75 000株/公顷以上,增幅达到70%以上,通过增加穗数增加玉米产量。

2. 提早宽行覆膜,提早播种

在播种前半个月提前整地、施肥,采用宽窄行种植方式进行宽行覆膜(平膜或垄膜)以提高地温,增加积温利用率,抑制水分无效蒸发,采用宽窄行(宽行70~90厘米,窄行40~50厘米)不同配置种植方式,提早半个月宽行覆膜,一般使用规格为宽90~110厘米,厚度0.007~0.008毫米的地膜。垄膜沟种时,要求地膜宽度至少达到110厘米,5厘米土层地温稳定8~10℃

的天数比窄行覆膜提早 5 天,比覆、播同期宽行覆盖提早 7 天以上,比覆、播同期窄行覆盖提早 10 天。播前提早半个月宽行覆盖可以提早出苗 5~7 天,出苗效果较好。

3. 改用耐密型品种

改早熟品种为紧凑型中早熟耐密型品种,即选择利用株型紧凑、抗旱性好、适应性广、品质优良、增产潜力大的中早熟耐密型品种,以充分利用品种与有限水热等资源的耦合潜能。郑单958、先玉 335 等耐密型品种表现出较好的区域适应性与丰产性。

4. 改用为宽窄行宽行覆膜窄行种植方式

将通常采用的 50 厘米均匀行距单穴单株种植为宽窄行双株(或单株)种植,宽行覆膜植株种于膜内两侧,通过覆膜的透光、抑蒸、增温作用,改善玉米生长的田间热水微环境。

一般双株种植时,宽行 90 厘米,窄行 50 厘米,种植穴距35~38 厘米;单株种植时,宽行 70 厘米,窄行 40 厘米,种植穴距 22~24 厘米。

5. 改用精确定量施肥

改常规"一炮轰"施肥为精确施肥,在测土施肥的基础上,根据品种需肥特性与目标产量需肥指标定量施用基肥和追肥。在施用有机肥的基础上,全部的磷肥、2/3 用量的氮与钾肥以及每公顷用量 22.5 千克/公顷锌与锰肥作为基肥,1/3 用量的氮肥与钾肥留作追肥。

(二)技术操作要领

1. 精细整地

冬前前茬收获后收拾干净前茬地膜,秸秆及时还田并深耕耙地,以利秋冬积蓄雨雪。开春解冻后及早顶凌耙糖压。覆膜前,施肥浅耕把耱(垄膜沟种时无需施肥),使土壤细碎无坷垃,上虚下实,无残茬杂物。每亩用 2.0 ~ 2.5 千克 3.5% 的甲敌粉与 25 千克细土混匀,均匀撒施土表,随着覆膜前施肥浅耕时翻入土中。

2. 划行起垄

按照垄沟要求画好垄沟线,用小型机械或畜力沿垄带中央线左右各翻一犁形成犁沟,将基施肥料撒施犁沟内,再沿犁沟两边向内各翻一犁,然后人工整理成拱形垄面,垄高 5 ~ 10 厘米,垄宽 90 厘米,起垄要沿等高线进行。

3. 化学除草

覆膜之前,使用玉米专用除草剂进行覆膜行处理。通常每亩用 50% 乙草胺 75 毫升,对水 50 千克对覆膜行进行喷雾处理。

4. 覆膜

按照覆盖方式分为:①平覆。宜于机械覆膜,将施肥覆膜播种机的播种轮悬挂,利用小型机械带动宽行施肥覆膜播种机进行覆膜,每隔 2 ~ 3 米横压土腰带固膜,可同时随着施入种肥。②垄覆。应在起垄后及时进行,覆膜时,先在垄的一端开沟压住膜头,再沿着垄面两侧基部开沟,展平地膜贴紧垄面,边展开地膜边压实膜边,膜两边各埋入土中 10 厘米,每隔 2 ~ 3 米横压土腰带固膜。

5. 播种

适宜时期是 4 月中下旬。利用手提式自动点播器人工播种,播后回土填实,封好膜孔,每穴下籽 2 ~ 3 粒,用种量 3.5 千克/亩。播深保持在 4 ~ 5 厘米。

6. 田间管理

①放苗、间苗、定苗、除分蘖。玉米全膜双垄集雨沟播生产

技术中播种坐水点种或覆土后遇雨,盖土都会形成板结,要及时破土引苗,使其正常生长。引苗后要及时查苗、及时补苗。地膜玉米出苗后 2~3 片叶展开时,开始间苗,剔除病苗、弱苗、杂苗。幼苗达到 3~4 片展开叶时,6~8 叶期去除分蘖。②中耕松土、培土。春播玉米一般中耕 2~3 次,定苗前中耕 1 次,深度 3~5厘米;拔节前中耕 1 次,深度 10~12 厘米,中耕松土要留有护苗带,避免伤苗;封垄前进行培土,培土高度 7~8 厘米。③追肥。在拔节前后把留作追肥的 1/3 肥料用量的尿素和硫酸钾进行追施,最佳时间选在 10~11 片叶全部展开时追施。可以利用手提式自动点播器在窄种植行间每 4 株玉米打 1 孔追施。

7. 病虫害防治

①病害防治。防治玉米粗缩病,每亩用凯尔杀毒 50 克或植病灵 2 号 100 毫升,对水 30 千克喷施;玉米大小斑病用 50% 多菌灵可湿性粉剂或 70% 甲基托布津或 75% 百菌清可湿性粉剂100 克,对水 30~45 千克,加 0.5% 磷酸二氢钾喷雾防治。②虫害防治。苗期地老虎,3 龄前用菊酯类农药喷防,3 龄后采用毒饵诱杀;黏虫发生时,每亩用 90% 敌百虫晶体 100 克、2.5% 功夫乳油或 4.5% 高效氯氰菊酯 50 毫升对水 50 千克喷雾防治;玉米螟可用每亩 3% 地虫光颗粒剂 0.7~1.5 千克及时除治;红蜘蛛每亩用 20% 螨猎 75~100 克,对水 50 千克喷洒防治;蚜虫每亩用 5% 啶虫脒 20~30 克或 10% 吡虫啉 20 克,对水 30 千克喷雾防治。③化控。玉米 6~12 片叶时,每亩用玉宝 10 毫升,对水 15 千克或玉黄金 20 毫升对水 30 千克均匀喷雾上部叶片,塑造理想的丰产株型。

8. 收获

玉米苞叶变黄、籽粒乳线消失变硬,呈现品种固有的色泽和形状时,要及时收获。

二、玉米全膜双垄集雨沟播生产技术

玉米全膜双垄集雨沟播生产技术是旱作农业上的一项带有突破性的创新技术,针对干旱半干旱地区气候特点和玉米常规覆膜生产技术(起垄半膜覆盖)存在的地膜覆盖面积相对较小,土地裸露部分多(50%),集雨保墒效果差,雨水入渗难的缺点改良而形成。其创新点是覆盖生产作物垄上种植改为垄沟种植。它集雨、抗旱、增产效果十分显著,是一项可推广的技术。

它集覆盖抑蒸、增温保墒、膜面集雨、垄沟种植等技术于一体,最大限度地保蓄自然降水,将地面蒸发降到最低,特别是对早春5～10毫米的小降水能够有效栏截,通过膜面汇集到播种沟,集雨、抗旱、增产效果十分显著。一般较半膜平铺玉米增产32.1%,水分利用效率提高31.7%,耕层土壤水分含量提高39.9%。适宜年降水300毫米左右的山旱区推广应用。主要技术规程如下。

(一)播前准备

1. 选茬整地

宜选用地势平坦、土层深厚、土质疏松,肥力中上等,坡度在15°以下的保肥保水能力较强的地块,前茬应优先选用豆类、小麦、马铃薯为宜。

一般在前茬作物收获后及时灭茬,深耕翻土,耕后要及时把耱保墒。对于前茬腾地晚来不及进行冬前耕翻的春玉米地块,要尽早春耕,并随耕随耙,防止跑墒;地下害虫为害严重的地块,整地起垄时每亩用40%辛硫磷乳油0.5千克加细沙土30千克,拌成毒土撒施。杂草危害严重的地块,整地起垄后用50%的乙草胺乳油对水全地面喷雾,然后覆盖地膜。土壤湿度大、温度高的地区,每亩用乙草胺乳油50～70克,对水30千克,冷凉地区

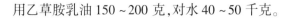

用乙草胺乳油 150～200 克,对水 40～50 千克。

2. 科学施肥

肥料施用以农家肥为主,化肥施用本着底肥重磷、追肥重氮的原则进行,既可防止玉米苗期徒长,又能防止后期脱肥,保证玉米后期正常生长期。一般亩施优质农家肥 5 000 千克左右,化学肥料按纯 N 10～12 千克,P_2O_5 8～10 千克,K_2O 5～10 千克,$ZnSO_4$ 1～1.5 千克或玉米专用肥 80 千克,结合整地全田施入或在起垄时集中施入窄行垄带内。

3. 精心选种

宜选择比原露地使用品种的生育期长 7～15 天,或所需积温多 150～300℃,叶片数多 1～2 片,株型紧凑适合密植,抗逆、抗病性强的品种。播前用 50% 辛硫磷或 40% 甲基异柳磷按种子重量的 0.1%～0.2% 拌种。用 20% 粉锈宁 150～200 克加水 1.5～2.5 千克,拌在 50 千克种子上,以防治丝黑穗病。

4. 划行起垄

每行分为大小双垄,大小双垄总宽 110 厘米,大垄宽 70 厘米,高 10～15 厘米,小垄宽 40 厘米,高 15～20 厘米。每个播种沟对应一大一小两个集雨垄面。

(1)划行。划行是用齿距为小行宽 40 厘米,大行宽 70 厘米的划行器进行划行,大小行相间排列。

(2)起垄。缓坡地沿等高线开沟起垄,要求垄和垄沟宽窄均匀,垄脊高低一致。一般在耕作层解冻后就可以起垄。用机械起垄时,如人手较少,可用起垄机起垄,起完垄后再一次性覆膜;如果人手较多,可用起垄覆膜机一次性起垄覆膜。用步犁起垄时,步犁来回沿小垄的划线向中间翻耕起小垄,将起垄时的犁臂落土用手耙刮至大行中间形成大垄面。

5. 覆膜

可采用秋覆膜和顶凌覆膜两种方法。秋覆膜就是在土壤封冻前进行起垄覆膜,此时覆膜能最大限度地保蓄秋冬降水,对玉米翌年生长更有利;顶凌覆膜是在第 2 年春季土壤解冻 5 ~ 10厘米时进行覆膜。

整地起垄后,用宽 120 厘米、厚 0.008 毫米的超薄地膜,每亩用量为 5 ~ 6 千克,全地面覆膜,边起垄边覆膜,防止土壤水分过度蒸发,提高水分利用率。覆膜时两副膜相接处必须在大垄中间,用下一垄沟或大垄垄面的表土压住地膜,不留空隙,覆膜时地膜与垄面、垄沟贴紧。每隔 2 ~ 3 米横压土腰带,一是防止大风揭膜;二是拦截垄沟内的降水径流。机械覆膜质量好,进度快,节省地膜,但必须按操作规程进行,要有专人检查质量和压土腰带。覆膜后,要防止人畜践踏、弄破地膜。铺膜后要经常检查,防止大风揭膜。如有破损,及时用细土盖严。在覆膜 1 ~ 2周后地膜紧贴垄面时在垄沟内每隔 50 厘米打孔,以便垄沟内的积水及时入渗。

(二)适期播种

播种时各地可结合当地气候特点,当地温稳定通过≥10℃时播种,一般是 4 月中下旬,玉米点播器按规定的株距破膜点种,深 3 ~ 5 厘米,每穴 2 粒种子。播后用细绵沙或牲畜粪封孔口。播种密度按照各地土壤肥力高低具体确定。肥力较高的田地,株距 30 ~ 35 厘米,每亩保苗 3 200 ~ 3 700 株;肥力较低的旱坡地株距 35 ~ 40 厘米,每亩保苗 2 800 ~ 3 200 株;早中熟品种适当加大密度,株距 30 厘米,亩保苗 3 700 株左右。

播种深度和覆土厚度要根据土壤墒情、土壤质地和种粒大小等具体情况而定。土壤黏重墒情好,种粒较小的要播浅点,但不宜浅于 3 厘米。墒情差、质地轻、种粒大的要播深些,但不宜超过 5 厘米。雨水较多的地区覆土宜浅,种子覆土不宜超过 3 厘米。雨水较少的地区覆土宜深,盖土不宜超过 5 厘米。

(三)田间管理

1. 苗期管理技术

(1)破土引苗。玉米全膜双垄集雨沟播生产技术播种坐水点种或覆土后遇雨,盖土都会形成板结,要及时破土引苗,使其正常生长。

(2)及时查苗补苗。引苗后要及时查苗、及时补苗。当缺苗达 20% 以上时要及时催芽补种或结合间苗移苗补栽。当缺苗不严重时,可通过每穴双株或 3 株的形式,达到合理密度。

(3)间苗、定苗。地膜玉米出苗后 2~3 片叶展开时,开始间苗,剔除病苗、弱苗、杂苗。幼苗达到 3~4 片展开叶时,即可定苗,每穴留健康壮苗 1 株。壮苗的标准是:叶片宽大,根多根深,茎基扁粗,生长敦实,苗色浓绿。

(4)及时打杈。定苗后至拔节期间,及时去除无效分蘖。

2. 中期管理技术

追施氮肥。当玉米进入大喇叭口期(10~12 片叶),一般每亩追施尿素 15~20 千克。用自制玉米点播器从两株距间打孔,施入肥料。或将肥料溶解在 150~200 千克水中,制成液体肥,用壶每孔内浇灌 50 毫升左右。

3. 后期管理技术

后期管理的重点是防早衰、增粒重、病虫防治。追施粒肥,一般每亩追施尿素 5 千克。发生病虫害地块,玉米大小斑病用 15% 粉锈宁可湿性粉剂、50% 多菌灵乳油或 70% 甲基托布津粉剂进行叶面喷施;在 10~12 片叶(大喇叭口期)用辛硫磷拌毒沙防治玉米螟,48% 毒死蜱(乐斯本)乳油 1 000 倍液进行喷雾防治玉米螟;用 10% 吡虫啉可湿性粉剂 2 000 倍液防治蚜虫;用

20%速灭杀丁2 000～3 000倍液喷雾防治黏虫;用40%乐果或73%克螨特1 000倍液防治红蜘蛛。

（四）适时收获

籽粒乳线消失变硬,呈现品种固有的色泽和形状时收获。如果一膜用两年,及时砍倒秸秆覆盖在地膜上,保护地膜。如要换茬,玉米收获后,清除田间残膜,回收利用。

（五）注意的问题

提早覆膜,一般在3月中下旬就可进行;覆膜后如遇降雨及时在垄沟内先打孔,使雨水入渗;缓坡地沿等高线起垄;所用基肥集中在小垄沟内施用;播种不宜过早,以防晚霜冻危害,造成缺苗。

三、高效节水玉米膜下滴灌技术

膜下滴灌技术把地膜生产技术与滴灌技术结合起来的一项技术,膜下灌溉玉米的各种生育条件优越,促进早出苗,早吐丝,早成熟,根系亦发达,据试验资料和实际种植表明,玉米膜下滴灌耕作比露地玉米种植增产30%～100%。增产效果显著,该技术适用于干旱地区大力推广和发展,目前,我国新疆维吾尔自治区、内蒙古自治区、黑龙江等地区应用面积较广。

（一）玉米膜下滴灌技术增产的主要因素

1. 保水节水作用显著

其灌溉水成滴状,能均匀、定时、定量浸润作物根系发育区域,使玉米根系的土壤始终保持疏松和最佳含水状态,地膜覆盖,使土壤表层保持湿润,同时减少了作物植株间的蒸发,平均用水量是传统方式的15%,是喷灌的50%,是一般滴灌的70%。

2. 增温效果显著

阳光辐射透过地膜,地温升高;土壤自身的传导作用,使深层的温度逐渐升高保存在土壤中;灌溉水通过管道及毛管滴头系统缓慢滴入膜下土壤中,起到水流增温,地温可提高 2～3℃,全生育期可提高积温 150～200℃,提早 7～15 天成熟。

3. 改善土壤的物理性状

地膜覆盖后,地表不会受到降雨冲刷和渗水的压力,滴灌的渗水压力极小,不破坏土壤团粒结构,保证了土壤的疏松状态,透气性良好,孔隙度增加,容重降低,可减少耕作次数或免耕;有利于作物根系的生长发育,提高作物品质,膜下滴灌彻底改变了田间灌溉的蒸发途径,使作物根系区实现很好的压盐碱效果。

4. 改善光照条件

由于地膜和膜下的水珠反射作用,使漏射的阳光反射到近地的空间,增加基部叶片的光合作用,提高光合强度和光能利用率。在玉米播种 60 天后,据地面 50 厘米处光照强度占 25% 以上,非盖地膜玉米只有 10% 左右。

5. 土地利用率、肥料农药利用率和劳动生产率高

采用管道输水,田间不修渠道,土地利用率可提高 5%～7%。水溶性农药肥料随水直接施入作物根际范围,农药施用效率大幅度提高,肥料利用率从 30%～40% 提高到 50%～60%,劳动生产率比常规灌溉管理可提高 400%～500%。

(二)主要技术规程

1. 播种前的准备

(1)选用优良品种。膜下滴灌,可增加 150～200℃ 的有效积温,正常年份比露地玉米提前 7～10 天播种,生育进程快,提早 7～15 天成熟。选用增产潜力大,株型紧凑适合密植,抗逆、抗病性强的品种。

(2)选地。选地势平坦肥沃,土层较深厚,排水方便,保水

保肥的能力强,土壤以壤土或沙壤,坡地坡度在 15° 以内的田地为宜。

(3)精细整地。适时翻耕,地面平细,无根茬、坷垃,上虚下实,增温保墒。结合整地,施用适量优质有机肥 15 吨/公顷,一般公顷施按测土配方施入适量化肥。施入磷酸二铵 300 ~ 450 千克,尿素 250 ~ 300 千克,硫酸钾 100 ~ 150 千克,硫酸锌 15 千克。

(4)起垄。膜下滴灌系统,一般采用大垄双行种植,一般垄高 10 ~ 12 厘米,垄底宽 130 厘米,垄顶宽 85 厘米。起垄同时深施底肥,每条大垄上施两行肥,两行施肥口的间距 40 ~ 50 厘米,起垄后镇压。

2. 覆膜与铺设滴灌带

(1)覆膜与铺设滴灌带的方式有两种。一种是机械覆膜和铺设滴灌带同时进行,滴灌带先置于膜下,也可用专门播种机覆膜、铺设滴灌带、播种同时进行。另一种是人工覆膜、铺设滴灌带、播种同步进行。覆膜、铺设滴灌带是将带、膜拖展,紧贴地面铺平,将四周用土压平盖实,将滴灌带两端系扣封严,每 2 ~ 3 米横压腰土固膜。

(2)规格铺带、覆膜,拉紧埋实,一般两膜中间距为 115 ~ 130 厘米,开沟间距比地膜窄 15 ~ 20 厘米,以便压膜,边覆边埋,拉紧埋实,同时压好腰土。

(3)病虫草害的防治。对种子进行包衣处理,防治病虫害;盖膜前,用阿乙合剂、拉索及施田补,进行全封闭除草,边喷边覆膜。

(4)足墒覆膜铺带。覆带时要保证土壤含水量占田间持水量 60% 以上,不足时可覆带覆膜后立即进行灌溉,或者覆膜前进行灌溉,或待降雨 8 毫米以上时进行覆盖。

3. 播种

(1)地温要稳定通过8℃时播种。播种方法分为两种:一是先播种后铺带、覆膜。用机械、畜力播种,开沟播种覆土后要保证苗眼处于膜下2~3厘米处,以防出苗后地膜烫苗。然后及时在播种行两侧各开一沟,同时铺带,带铺在垄中间,膜边放入沟内压埋实。二是先覆膜铺带后播种,机械一次性在起好的垄上盖膜铺带。在膜上按照株距要求打播种孔,孔深5厘米,每孔下籽,用湿土盖严压实。用专门机械也可覆膜、铺带、播种、喷药等一次性完成。

(2)对先播种后覆盖的要及时破膜放风和浧苗。时间在出苗50%以上时第1次浧苗,当出苗达到90%以上第2次浧苗定植,原则是留大压小,留强压弱。放苗孔要小,放苗后及时封严。第2次浧苗定植后3~5天要查苗补浧,把后出苗的植株再次定植。此外还要看苗追肥,追肥方法可利用施肥罐边灌水边施肥,水肥同时滴入田间,也可膜面打孔穴施,或在膜侧开沟追肥,确保养分供给。

4. 科学灌溉

根据具体情况,按照玉米的需水规律进行科学灌溉。

(1)浇足底墒水。确保在播种前有适宜的水分状况,灌溉水量以25~30立方米/亩为宜。播后灌溉应该严格控制灌水量,以免造成土温过低影响出苗。

(2)控制苗期水。玉米苗期土壤含水量占田间水量60%为宜,低于60%进行苗期灌溉。同时控制灌水进行蹲苗。

(3)保证拔节期早穗水。玉米拔节孕穗期土壤水分含量要保持在田间持水量的65%以上,拔节初期灌溉时,灌水定额应控制在20~30立方米/亩为宜。

(4)浇足灌浆成熟水。抽穗开花期是玉米生理需水高峰期,要及时补充灌溉,保证需水充足。

5. 田间管理

(1)保护地膜。要采取积极有效措施保护地膜,增加温度,满足晚熟品种的积温需要。

(2)及时放苗、间苗、定苗、去除分蘖。地膜玉米出苗后 2 ~ 3 片叶展开时,开始间苗,剔除病苗、弱苗、杂苗。幼苗达到 4 ~ 5 片展开叶时,即可定苗,每穴留健康壮苗 1 株。壮苗的标准是:叶片宽大,根多根深,茎基扁粗,生长敦实,苗色浓绿。定苗后至拔节期间,及时去除无效分蘖。

(3)加强肥水管理、灵活补充肥水。拔节孕穗期,结合灌水亩施入尿素 15 ~ 20 千克,抽雄期,结合浇水亩施尿素 5 ~ 10 千克。

(4)病虫害防治。玉米的主要病虫害有大斑病、小斑病、锈病、玉米螟、蚜虫等。大斑病、小斑病,可在病害发生期,用 70% 代森锰锌粉剂 500 倍液或玉米大小斑病用 15% 粉锈宁可湿性粉剂、50% 多菌灵乳油或 70% 甲基托布津粉剂进行叶面喷施;锈病,在发病初期,用 20% 粉锈宁可湿性粉剂 1 500 倍液(每亩用 200 克、对水 60 千克)喷雾;在大喇叭口期用辛硫磷拌毒砂防治玉米螟,48% 毒死蜱(乐斯本)乳油 1 000 倍液进行喷雾防治玉米螟;用 10% 吡虫啉可湿性粉剂 2 000 倍液防治蚜虫;用 40% 乐果或 73% 克螨特 1 000 倍液防治红蜘蛛。

6. 适时收获

玉米植株正常成熟时苞叶逐渐干枯、松散,籽粒乳线消失变硬,呈现品种固有的色泽和形状时及时收获。

7. 地膜回收

玉米收获后,清除田间残膜,回收利用,防止白色污染。

四、抗旱保水剂覆膜高产生产技术

旱地玉米保水剂应用技术是一项针对旱地玉米的保水剂应用技术,适于在玉米播种时使用。在土壤干旱的情况下,应用抗旱保水剂能增加土壤保水性,改良土壤结构,减少土壤水分养分流失,覆盖地膜具有增强保水、保肥能力,保苗、减少病虫草害发生、促进作物生长发育、早熟、增产的综合作用和技术优势。主要适用于春季降雨不足,作物经常无法正常播种、播种后出苗不全,缺苗断垄或生育期内经常遭遇长时间持续干旱,造成作物减产的旱作农业区使用。广西壮族自治区西部地区抗旱保水剂 + 覆盖地膜生产模式比露地不使用保水剂种植每亩增产 87.2 ~ 114.6 千克,比覆盖地膜不使用保水剂种植每亩增产 36.7 ~ 46.8 千克。

（一）保水剂的使用技术

每亩用抗旱保水剂 1 千克,对水 200 ~ 300 千克浸泡 2 小时(缺水情况下可用腐熟沼气液效果更佳),让保水剂充分吸水后,播种时用吸水饱满的保水剂盖种,每穴用量约 50 克;将保水剂与 15 千克的细土混合均匀后,在播种开沟时将其均匀撒施在垄沟内,施保水剂 2 ~ 3 千克/亩;将拌种剂和水按处理 1 : (3 ~ 5)比例混合,加入需要拌种的种子中,边加边搅拌,直到拌匀,堆闷 4 ~ 5 小时,种子间无粘连即可播种,播种后浇足水;将种子放入凝胶型抗旱保水剂中浸种 12 小时,阴干后播种,播后浇足水,用量为保水剂：种子 = 1 : (5 ~ 10),一般点播时用此方法。

（二）玉米覆盖地膜生产技术

1. 选用杂交良种

选用增产潜力大、耐密优质、抗性强的玉米品种。

2. 选地整地

地膜覆盖生产玉米,选在地势平坦、土层深厚、土质疏松、肥力条件较好的土壤地块进行。

3. 施足基肥,氮磷配合

基肥以农家肥为主,化肥施用本着底肥重磷、追肥重氮的原则进行,基肥一般每亩施优质农家肥1 000 ~ 2 000千克、普通复合肥50千克,采用一次性施肥方法进行,但要防止造成烧苗。

4. 适期播种,合理密植

当气温稳定在12℃时即可播种。双行单株按宽行70厘米,窄行40厘米,株距30 ~ 40厘米,每穴点籽2 ~ 3粒,播深以3 ~ 5厘米为宜,太深影响种子出苗。半紧凑型品种每亩种3 800 ~ 4 500株、紧凑型品种每亩种4 800 ~ 5 500株为宜。

5. 严密盖膜

覆膜前用高效低毒除草剂喷雾畦面,并做到随喷随盖膜,以提高除草效果,喷药后及时覆膜播种。玉米地膜覆盖宜采用宽窄行平作规格种植,双行单株选用幅宽70 ~ 80厘米、厚度为0. 007 ~ 0. 008毫米的地膜。随种随盖的方法。盖膜严密,地膜紧、展、平、匀,膜的四周用土压紧、压严,做到严、紧、平、宽的要求。

6. 加强田间管理

及时破膜放苗。玉米苗基本出齐时,及时开口放苗。放苗时要掌握放大不放小,放绿不放黄,苗孔一般以3 ~ 4厘米宽为宜。放苗后,应随时用细湿土加适量的草木灰混合把放苗口封严,以防透风漏气、降温跑墒和杂草丛生。

及时间苗、定苗、去除分蘖,双行单株每穴只留一株的健壮苗。

7. 适时追肥

追肥分两次进行,第1次在拔节期进行,要求亩施尿素 5 ~ 6 千克,离玉米根部 6 ~ 8 厘米的地方打孔施入后盖土。第 2 次在大喇叭口期进行,要求亩施尿素 10 ~ 20 千克,离玉米根部 10 ~ 12 千克的地方打孔施入后盖土。

8. 加强病虫害防治,及时防治玉米螟、蚜虫以及玉米大小斑病

用40%速灭杀丁乳油 50 ~ 70 毫升加水 4 000 倍液喷施防治玉米螟;用 10% 吡虫啉可湿性或虫蚜通杀 60 ~ 70 毫升加水 4 000 倍液喷防治蚜虫;用 75% 甲基托布津 70 ~ 100 毫升对水 500 ~ 600 倍喷雾,每隔 7 ~ 10 天喷 1 次,连喷 2 ~ 3 次防治大小斑病;20% 粉锈宁乳油 60 ~ 70 毫升加水 1 500 倍液喷施防治锈病。

9. 适时收获

玉米植株正常成熟时苞叶逐渐干枯、松散,籽粒乳线消失变硬,呈现品种固有的色泽和形状时及时收获。

(三) 注意事项

(1) 密封防潮,保水剂要置于干燥处避光保存。

(2) 保水剂施于玉米根部效果最好,施用后充分浇灌效果显著。

(3) 清除废膜。玉米收获后要彻底清除旧地膜,防止污染,保护生态环境。

第十节　坡地玉米生产技术

一、旱坡地春玉米秸秆覆盖蓄水保墒高产生产技术

旱坡地耕作层浅薄地力贫瘠,漏水漏肥严重,且无灌溉条件,生产能力薄弱,玉米产量低而不稳,一直影响着玉米生产的

平衡发展,生产措施的改进和土质的改良对提高旱坡地的生产能力尤为关键。山东、陕西、山西、浙江等省的坡地地区对玉米的种植从生产与耕作技术、生态环境等方面进行了综合增产技术研究,形成了坡塬旱薄地春玉米蓄水保墒高产生产技术体系。玉米耗水系数由 880.99 下降到 666.44,降低了 24.6%。西南山区旱坡地耕作层浅薄地力贫瘠,漏水漏肥严重,且无灌溉条件,生产能力薄弱。土质的改良和生产措施的改进对提高旱坡地的生产能力尤为关键。

（一）主要技术要点

1. 轮作倒茬

根据当地生产的实际情况采取不同的轮作制度。一年轮作制度为:玉米—小麦;2 年轮作制度为:马铃薯—玉米—小麦—玉米;3 年轮作制度为:玉米—花生—玉米;四年轮作制度为:玉米—花生—棉花—玉米。

2. 蓄水保墒综合措施

（1）培肥地力蓄水保墒。水和肥耦合作用显著,肥力越高,水的作用越明显。当土壤有机质含量提高到 5% 时,雨水入渗量较一般田可增加 50% 左右,蒸发量可减少 40%。增施有机肥有利于提高有机质含量,试验表明,连续亩施有机肥 2 500 千克,土壤有机质平均每年提高 0.028%。

（2）秋季浅耕。早春精细整地保墒。秋季浅耕 0.33 米,早春土壤解冻初期及早进行耙耱,精细整地,达到上虚下实。雨后及时整地耙耱,土壤含水量可提高 0.3% ~ 0.5%。

（3）玉米行间覆盖小麦秸秆保墒。雨季到来之前,在玉米行间覆盖碎麦秸,每亩 300 ~ 500 千克。覆盖小麦秸秆对节水保墒、培肥地力有其重要的作用,覆盖小麦秸秆一般可使土壤含水量比对照提高 1.8% ~ 4.5%,同时土壤有机质含量平均提高

0.01%～0.04%,抑制玉米田90%以上杂草,效果明显。

(4)选择高产优质抗逆性强品种。玉米品种要求增产潜力大,耐密植、耐瘠薄、抗病、抗旱衰、适应性强的品种。

(5)合理调整播期,适期播种。玉米播期应避开土壤失墒高峰期,使玉米需水高峰与自然降雨高峰相吻合。在保证玉米正常成熟的情况下适当晚播,避免卡脖旱,是提高自然降水利用率的关键措施。根据气候条件水热资源以及播期早晚选择生育期不同的品种。

(二)配套生产技术

抗旱生产技术可以提高自然降水的利用率,是稳定增加作物产量的重要手段。旱地玉米生产技术的综合研究表明,密度、施肥、化学除草是旱地玉米丰产的3个重要环节,具体措施如下。

1. 合理密植,增加有效亩穗数

密度是生产水平的综合体现,受到土质、自然降水、施肥水平、种植样式、光照等多种因素制约。一般亩留苗密度3 000～4 000株。紧凑型生育期较短的玉米取上限,平展型玉米取下限;土壤肥力较高的取上限,土壤肥力较低的取下限。

2. 科学运筹肥料培育壮轩大穗

试验表明,旱沙地玉米适宜的施肥量为亩施纯氮20.0～25.5千克,五氧化二磷10～15千克,氧化钾9～13千克。施足有机肥,30%氮肥、磷钾肥一次底施,70%氮肥追施;氮肥分2次追施,在10～11叶可见时,追施总追肥量的40%,主攻壮秆大穗;14～15叶可见时,追肥保花,追肥量占总追肥量的50%;开花吐丝期,追施粒肥,追肥量占总追肥量的10%;促进玉米壮苗早发,出叶速率快,叶面积大,促进雌穗小花分化,减少退化小花量。吐丝期提前2～3天,有利于穗粒数增加,千粒重提高。

3. 及时化学除草防治病虫害

（1）化学除草。玉米田杂草主要有马唐、稗草、马齿苋、狗尾草、反枝苋等，约占总数的 90% 以上。试验结果分析表明：因杂草竞争，每亩损失氮肥 5.23 千克、磷肥 0.88 千克、钾肥 6.32 千克。及时进行化学除草，以每亩施用乙阿合剂 100～150 克、对水 30～50 千克喷施，防治效果可达 90% 以上，同时免去中耕作业使机械伤苗减少，亩穗数可增加 150～300 穗。

（2）病虫害防治。及时防治玉米螟、黏虫、蚜虫和玉米大斑病、小斑病。在发病初期，病叶率达 20% 时用 75% 代森锰锌 500～800 倍液喷洒，或用多菌灵隔 7～10 天喷 1 次，连喷 2～3 次防治玉米大小斑病。

用玉米丢心剂或用 50% 辛硫磷乳油 1 千克加沙土 40 千克，配成毒沙土，丢心防治，每亩 1.5～2.0 千克为宜。也可用敌敌畏、溴菊酯等灌心；50% 敌敌畏 800～1 000 倍向心叶定向喷雾，或用 Bt 生物杀虫剂防治，也可用溴氰菊酯喷雾防治玉米螟。

用 40% 氧化乐果 1 000 倍，或 20% 杀灭菊酯 2 000 倍喷雾防治，也可用拟除虫菊酯类农药和有机磷复配制剂进行喷雾防治蚜虫、黏虫。

（3）适时收获。玉米植株正常成熟时苞叶逐渐干枯、松散，籽粒乳线消失变硬，呈现品种固有的色泽和形状时及时收获。有条件的地区可以适时晚收，有利于籽粒脱水，便于堆放，降低脱粒、运输成本。

二、旱坡地玉米秸秆覆盖等高深沟梯化生产技术

山坡地土地贫瘠，土壤蓄水保肥能力低，漏水漏肥严重，抗御自然灾害能力低，生产能力薄弱，玉米产量低而不稳，旱坡地玉米生产中进行土质改良和生产措施改进，对提高旱坡地的生产能力尤为关键。

云南、贵州等省的坡地地区对玉米的种植从生产与耕作技术、生态环境等方面进行了综合增产技术研究,形成了等高深沟种植技术体系,给旱坡地玉米创造了一个抗旱力强、肥力充足、植沟内土质松软、根系发达生长良好的土壤环境,为玉米丰产稳产打下了良好的基础。秸秆还田覆盖不仅能有效增强旱地的生产能力,提高土壤肥力,改良土壤结构,而且能防止杂草危害,从而促进作物的生长发育,提高产量。

（一）玉米适宜种植区域的界定

玉米生产必须控制在坡度≤25°、年均温≥16℃的区域。坡度＞25°时雨季雨水冲刷或山洪的危害导致水土流失严重,土壤耕作层熟化土壤和肥力养分严重流失,种植玉米难以取得高产。充分利用好有限的土地资源,探索良种良法的新技术、新方案,实施精耕细作,提高玉米的单产,从而实现生态改善和提高玉米种植效益双向良性发展的新格局。

（二）良种选择

选择适宜旱坡地生长的玉米优良品种是确保旱坡地玉米生产获得高产高效的前提和基础。根据旱坡地无灌溉条件、土壤熟化层浅薄、肥力差的特点,选择增产潜力大、抗旱、耐寒、耐瘠薄的玉米品种,才能确保旱坡地玉米单产稳步提高。

（三）技术要点

结合旱坡地的自然特点,将其划分为2级,一级旱坡地为坡度≤15°的缓坡地,二级旱坡地是15°＜坡度≤25°的坡地。

1. 一级坡地开挖种植沟

（1）环山挖排水沟。沿山体上部边缘开挖一条深30厘米、宽30厘米的环山排水沟至玉米地周边顺山而下,将山上部雨水截流引至排水沟内排放,防止雨季大雨冲刷玉米地土壤,造成土壤养分流失。

（2）沿等高线宽窄行开挖种植沟。先连片耕犁开垦，后沿等高线按宽窄行规格开挖种植沟，使之形如槽沟。宽行规格为行距 80 厘米、沟宽 20 厘米、沟深 25 厘米，窄行规格为行距 45 厘米、沟宽 20 厘米、沟深 2 厘米。做到沟深、底平，与四周土壤形成一条较长的深槽沟，利于雨水蓄积，提高耐旱性。挖出的耕作层熟化土壤在施基肥或下种后回盖基肥或覆盖玉米种，有利于植株生长；当挖至深层板土时，将其板土堆放于宽行畦上，待雨淋洗自然风化后加以利用。开沟时应在整片玉米地中顺坡度等高线每隔 20～30 米处预留一条宽 30 厘米左右的人行道，便于玉米管理。

等高深沟和预留 20～30 厘米管理通道，使每一种植沟的四周中下层和底部均为板土，水分渗透极慢，施入养分不易流失。无数条种植沟就形成了无数条蓄水槽沟，经玉米中后期的施肥培土管理，旱坡地自然梯化形成阶梯状再加上环山拦水沟的作用，有利于蓄水抗旱，施肥保肥，减少水土流失。

2. 二级坡地开挖种植沟

（1）环山挖防洪沟。沿山体上部边缘开一条深 50 厘米 × 宽 40 厘米的环山防洪排水沟至玉米坡地边顺山而下，防止雨季大雨冲刷玉米地土壤，造成土壤养分流失。

（2）宽带等高线开挖种植沟。先整片开垦，后沿山坡等高线按宽带种植规格开挖种植沟，其规格为行宽 85 厘米、沟宽 25 厘米、沟深 30 厘米，且沟底平坦，使之形如深槽沟，有利于蓄水耐旱。

挖出的耕作层熟化土壤在施基肥后回盖 2～3 厘米熟化土壤，使肥料与玉米种隔离开，在下种后用熟化土盖种，提高熟化土的合理使用，深层板土堆放在种植沟另一边畦埂上待自然风化后再利用。开沟时应在整片玉米地中顺坡度等高线每隔 20～30 米处预留一条宽 30 厘米左右的人行道，便于玉米管理。

3. 施足基肥，氮、磷配合

旱坡地无灌溉条件，耕作层薄、肥力差，土壤水分充足与营养素的保障供给仍是获得玉米高产优质高效的重要因素。每亩施优质农家肥2 000千克，结合播种开沟条施化肥，施入足量的氮、磷、钾肥，每亩施尿素25千克，普通过磷酸钙150千克、硫酸钾10千克。

4. 适期播种、合理密植

选用增产潜力大、耐密优质、抗性强的玉米品种。播种时一级旱坡地种植沟内，宽行距采用双株留苗法下种，苗距6~10厘米，株距33厘米；窄行距采用单株留苗法下种，株距20厘米。二级旱坡地种植沟内宜采用双株留苗法下种，苗距6~10厘米，株距25厘米。对耐密型品种及高产地块，适宜留苗密度为每亩4 500株左右；对稀植型品种及地力较差地块，适宜留苗密度为每亩3 500株左右。

5. 秸秆覆盖

将前茬作物的秸秆切成3~6厘米段或粉碎后，均匀撒在玉米种子的覆盖土上（厚度以2厘米为宜），每亩用秸秆量不超过300~500千克。

6. 田间管理

（1）间苗定苗。玉米3~4叶时间苗，4~5叶时定苗。留大苗、壮苗、健苗，去小苗、病苗、弱苗，促其苗全、齐、壮，提高群体整齐度。

（2）适对追肥。在种植沟内施足基肥的基础上，适时追肥，拔节期沿幼苗一侧（15~20厘米）开沟深施尿素10~15千克/亩；大喇叭口期追施尿素15~20千克/亩；灌浆期追施尿素10千克/亩。

（3）防除杂草。可每亩喷施40%乙阿合剂200~250毫升，或用33%二甲戊乐灵乳油100毫升+72%都尔乳油75毫升对水 50 千克进行封闭式喷雾。可于玉米幼苗 3～5 叶、杂草 2～5 叶期每亩用 4% 玉农乐悬浮剂 100 毫升对水 50 千克进行喷雾。

（4）防治病虫害。在选用抗病品种和进行种子包衣的基础上，及时防治大斑病、小斑病、锈病、玉米螟、蚜虫等。①大斑病、小斑病。可在病害发生期，用 70% 代森锰锌粉剂 500 倍液，或用 15% 粉锈宁可湿性粉剂、50% 多菌灵乳油或 70% 甲基托布津粉剂进行叶面喷施。②锈病。在发病初期，用 20% 粉锈宁可湿性粉剂 1 500 倍液（每亩用 200 克对水 60 千克）喷雾。③玉米螟。在大喇叭口期用辛硫磷拌毒沙防治玉米螟，48% 毒死蜱（乐斯本）乳油 1 000 倍液进行喷雾防治玉米螟。④蚜虫。用 10% 吡虫啉可湿性粉剂 2 000 倍液防治蚜虫。

（5）化控防倒。倒伏尤其是中后期倒伏是影响玉米产量的重要因素。在选用耐密抗倒型品种的基础上，要及时中耕培土，并适时化控，防止倒伏。对密度过大、有严重倒伏危险的地块，可在孕穗前喷施 50% 矮壮素水剂 200 倍液，增强植株抗倒能力，改善群体通风透光条件。

7. 适期收获

玉米植株正常成熟时苞叶逐渐干枯、松散，籽粒乳线消失变硬，呈现品种固有的色泽和形状时及时收获。

第十一节　玉米空秆、倒伏的原因及防治途径

空秆和倒伏是影响玉米产量的两个重要因素。空秆是指玉米植株未形成雌穗，或有雌穗不结籽粒。倒伏是指玉米茎秆节间折断或倾斜。空秆各地都有发生，一般在 2% 以上，严重的达 20%～30%。倒伏也相当普遍，尤其在生长季节多暴风雨地区，更易引起倒伏。针对玉米空秆、倒伏发生的原因，因地制宜采取预防措施。

（一）空秆、倒伏的原因

玉米空秆的发生，除遗传原因外，与果穗发育时期玉米体内缺乏碳糖等有机营养有关。因为形成雌穗所需的养分，大部分是通过光合作用合成的，当光照强度减弱，光合作用受到影响，合成的有机养分少，雌穗发育迟缓或停止发育，空秆增多。据各地调查，空秆的发生，是由于水肥不足、弱晚苗、病虫害、密度过大等造成的。这些情况直接或间接影响玉米体内营养物质的积累转化和分配而形成空秆。

玉米倒伏有茎倒、根倒及茎折断 3 种。茎倒是茎秆节间长细、植株过高及暴风雨造成，茎秆基部机械组织强度差，造成茎秆倾斜。根倒是根系发育不良，灌水及雨水过多，遇风引起倾斜度较大的倒伏。茎折断主要是抽雄前生长较快，茎秆组织嫩弱及病虫危害遇风而折断。

（二）空秆、倒伏的防治途径

空秆、倒伏具有普遍原因，又有不同年份不同情况的特殊原因，因此要因地制宜地预防。根据其发生原因，主要防治途径如下。

1. 合理密植

玉米合理密植可充分利用光能和地力，群体内通风透光良好，是减少玉米空秆、倒伏的主要措施。采取大小垄种植，对改善群体内光照条件有一定作用，不仅空秆率降低，还可减少因光照不足，造成单株根系少、分布浅、节间过长而引起的倒伏。

2. 合理供应肥水

适时适量地供应肥水，使雌穗的分化和发育获得充足的营养条件，并注意施足氮肥，配合磷、钾肥。从拔节到开花是雌穗分化建成和授粉受精的关键，肥水供应及时，可促进雌穗的分化和正常结实。土壤肥力低的田块，应增施肥料，着重前期重施追肥；土壤肥力高的田块，应分期追、中后期重追，对防止空秆和倒伏有积极作用。苗期要注意蹲苗,促使根系下扎,基部茎节缩短;雨水过多的地区,注意排涝通气。玉米抽雄前后各半月期间需水较多,适时灌水不仅可促进雌穗发育形成,而且缩短雌雄花的出现间隔,利于授粉结实,减少空秆。

3. 因地制宜,选用良种

选用适合当地自然条件和生产条件的杂交种和优良品种。土质肥沃及生产水平较高的土地,选用丰产性能较高的马齿型品种。土质瘠薄及生产水平较低的土地,选用适应性强的硬粒型或半马齿种。多风地区,选用矮秆、基部节间短粗、根系强大等抗倒伏能力强的良种。

此外,要加强田间管理,控大苗促小苗,使苗整齐健壮。防治病虫害,进行人工授粉,也有降低空秆和防止倒伏的作用。

(三)倒伏后的挽救措施

玉米在生育期间,遇到难以控制的暴风袭击,引起倒伏,为了减轻损失必须进行挽救。在抽雄前后倒伏,植株互相压盖,难以自然恢复直立,应在倒伏后及时扶起,以减少损失。但扶起必须及时,并要边扶边培土边追肥。如在拔节后倒伏,自身有恢复直立能力,不必用人工扶起。

第四章　施肥与灌溉

第一节　玉米生长的土壤基础

一、玉米丰产的土壤条件

（一）土层深厚，结构良好

玉米根层密，数量大，垂直深度可达 1 米以下，水平分布 1 米左右，在土壤中形成一个强大而密集的根系。玉米根数的多少、分布状况、活性大小与土层深厚有密切关系。土层深厚，指活土层要深，心土层和底土层要厚。活土层即熟化的耕作层，土壤疏松，大小孔隙比例适当，水、肥、气、热各因素相互协调，利于根系生长。活土层以下要有较厚而紧实的心土层和底土层，土壤渗水保水性能好，不仅抗自然灾害能力强，而且能满足玉米对水分养分的要求，达到旱涝高产稳产。土层过薄，会限制根系的垂直生长，肥水供应失调，产量不高。一般说，整个土层厚度最少应保持在 80 厘米以上，方利于玉米生长。

（二）疏松通气

土壤疏松通气，利于根系下扎。据研究认为，适于玉米生长的土壤紧实度，在壤质和肥力中等的土壤容重，在 1.0～1.2 克/立方厘米。据报道，土壤容重与玉米产量呈负相关，相关系数 r 为 -0.427～0.796。土壤压实减产的主要原因，是由于根系生长不良。

据研究,玉米对土壤空气十分敏感。如在土壤缺少氧气的情况下,高粱、大豆、甜玉米及饲用矮玉米产量分别下降25%、35%、65%及75%。玉米和棉花一样,是需要土壤通气性好、空气容量多的作物。玉米最适土壤空气容重约为30%,小麦仅为15%~20%。土壤空气中的含氧量10%~15%最适合玉米根系生长。通气不良,玉米吸收各种养分的功能,按下列次序降低,K > Ca > Mg > N > P;通气后玉米对各种养分的吸收能力,按下列次序增如,K > N > Ca > Mg > P,说明通气良好的土壤可提高氮肥肥效。故在播前应深耕整地,生长期间加强中耕,雨季注意排涝,以增力土壤空气的供应,保证根系对氧的需要。

(三)耕层有机质和速效养分高

在玉米生育过程中,提高土壤养分的供应能力,是获得高产的物质基础,玉米吸收的养分主要来自土壤和肥料。据试验,以施用N、P、K肥料的玉米产量为100,则不施肥料的玉米产量为60~80,说明玉米所需养分的3/5~4/5是依靠土壤供应,1/5~2/5来自肥料。各地高产稳产田土壤分析资料说明,耕层有机质和速效性养分含量较高,耕层有机质含量在1.5%~2%,速效性氮和磷约在30毫克/千克,速效性钾150毫克/千克,都比一般大田高1倍以上,能形成较多的水稳性团粒结构。如油黑土的水稳性团粒结构,都在30%以上,由于土壤潜在肥力大,比例适当,养分转化快,速效性养分高,并能持续均衡性供应,因此,在玉米生育过程中,不会出现脱肥和早衰。

据测定,玉米根系伤流液中含氮量,熟化土壤比熟化不良的土壤高得多。前者每100毫升伤流液中有68.6~89.6毫克氮,后者只有36.8~44.8毫克。在肥力高的熟化土壤上,玉米根系伤流液中含氮量浓度高,且有2/3的氮是有机态氨。土壤中氮的供应充足,地上部和地下部的生长才能获得足够的营养物质。

土壤的供肥能力,视有机肥料多少而定,增施有机肥料,既能分解供给作物养分,又可不断地培肥土壤,为玉米持续高产创造条件。

从土壤化学成分看,土壤的含盐量和酸碱度(pH 值)对玉米生长发育有很大影响。一般说来,对 pH 值的适应范围为 5 ~ 8,但适宜的 pH 值为 6.5 ~ 7.0,接近中性反应。据测定,土壤 pH 值在 7 时,光合生产率为 22.8 克/平方米/天,在 4 时仅为 9.1 克/平方米/天。玉米与高粱、黍子、向日葵、甜菜相比,耐碱能力差。在盐分中,以氯离子对玉米危害较大。有人在山西汾河灌区调查,苗期耐盐力最差,拔节孕穗期较强。在苗期 0 ~ 15 厘米的土层中,全盐量 0.25%,氯离子 0.032% 时生长正常;全盐量 0.41%,氯离子 0.061% 时,玉米受抑制,生长不良;全盐量 0.68%,氯离子 0.083% 时,严重受抑制接近枯萎。因此,盐碱较重的土壤,必须进行改良。

(四)土壤渗水保水性能好

各地玉米高产田,由于土壤熟化土层深厚,有机质含量丰富,水稳性团粒较多,耕层以下较紧实,因此熟化土层渗水快,心土层保水性能好,所在表层以下常呈潮润状态,具有较强的抗旱能力。

高产单位的共同经验是狠抓土、肥、水的基本建设,不断改善生产条件,改良土壤,使之沙黏适中,大小孔隙比例适中,深耕加厚活土层,提高土壤渗吸能力,力争蓄水多。增施有机肥,改良土壤,增强持水能力,才能为玉米丰产创造一个良好的、保水排水强的土壤条件。

此外,玉米高产田还具有土性温暖、稳温性能较强的特点;有益微生物活动旺盛,其总量较一般地多出 2 倍,并在微生物群落中固氮菌、磷细菌、氨化菌占较大优势;土质油酥,耕性好,不仅宜耕期较长,而且作业效率高、质量好,便于机械化作业。

二、深耕改土是玉米丰产的基础

高产稳产田特点是具有疏松软绵、上虚下实的海绵状土体构造。因此,在深耕改土的农田建设中,应根据本地区的生产特点和群众改土经验,采取以下方法建成高产稳产的丰产田。

(一)深耕改土的原则和方法

深耕对调节水、肥、气、热有明显效果,活土层加厚,总孔隙度增加,利于透水蓄水。土壤含水量显著增加,早春地温回升快,利于早播和壮苗。

深耕利于玉米根系的垂直生长。据山西农学院和山西农业科学院在大寨的调查,18.5～40厘米土层内,三深地玉米根系总量较一般地高75.9%,地上部生长良好,穗大产量高。玉米深耕都有不同程度的增产作用,一般为10%～30%。

黏土质地细,结构紧密,遁气性差,排水不良,耕性差,不利于玉米出苗和根系发育。

沙质土壤则由于沙粒多,结构松散,保水保肥力差,易脱肥缺水而影响玉米生长。因此,泥沙比例可调剂成三成泥七成沙的壤性土。一般以上粗下细,上沙下壤较好。这种质地,既透水透气,又保水保肥,玉米生长良好。

在农田建设中要注意对生土进行改良。在播前除多耕多耙,使土块达一定碎度外,要重施有机肥,并应根据必要与可能实行秸秆还田,以逐步提高土壤的有效肥力。

(二)玉米的整地技术

单作春玉米地应在前茬收获后,及时灭茬进行秋深耕或耙茬深松。深耕对玉米根系发育和增产都有良好作用。深耕使土壤有较长的熟化时间,提高土壤肥力。耕后及时耙耢保墒。如是黏土地,水利条件较好,深耕后可在结冻前灌足底墒水,可使土壤下沉,通过冻融交替熟化土壤,早春进行镇压耙耢保墒。如前茬腾地晚,来不及冬深耕,应尽早春耕,随耕随耙,防止跑墒。晚耕不仅熟化时间短,而春季气温上升快,风多风大跑墒严重,影响播种出苗。无灌水条件的旱地,春季应多次耙耢保墒,使土壤细碎无坷垃,上虚下实,利于全苗。如播前遇雨,也可浅耕并及时耙耢保墒,趁墒播种。

山区和丘陵地区,可挖丰产坑或丰产沟,局部深耕集中施肥,蓄水保墒,改良土壤,既有利于抗旱保苗,又有利于促根深,壮苗壮秆,抗风防倒。

三、玉米高产耕作技术

耕地与整地的目的在于改善耕层的土壤结构,恢复土壤肥力,覆盖残茬和杂草,减少病虫害,为玉米生长发育创造良好的土壤条件。

合理的土壤耕作是保证玉米播种质量,达到苗全、苗齐、苗匀、苗壮的先决条件。合理的耕地整地可使耕层深厚、土质疏松,透气性和排水性良好,蓄水、保水、供肥能力强,土温稳定,从而增强抵抗旱、涝害的能力,有利于玉米根系和植株的生长发育,提高籽粒产量。

湖南省地域辽阔,土壤和气候条件较复杂,耕作制度也有差异,经过长期生产实践,逐步形成了一些具有精耕细作特点的土壤耕作方法。但无论哪一种耕作方法,都要因地制宜地采用。

(一)深耕的作用

可打破长期浅耕造成的犁底层,使耕层加深,保蓄水分,可增强抗旱涝能力。活土层加厚,孔隙度增大,容重减少。黑龙江省20世纪70年代采用深松耕法,土壤透水性、透气性和蓄水量提高,从而改善了土壤的物理性状,促进了有机养分的分解和无机养分的释放,不仅提高了肥料的利用效果,而且还能减少或抑制杂草、病虫害的发生和发展,改善了玉米根系的分布,促进玉米生长发育。

(二)耕地整地技术

1. 前茬处理

耕地前的前茬处理称为灭茬,它是保证耕作质量,保墒除草的重要步骤。玉米前茬作物为玉米、高粱的,可先用圆盘耙浅耙1~2遍,将其切碎,然后耕地。亦可用畜力浅耕或人工刨茬,然后再进行秋耕。前茬为大豆、小麦,因根茬较小,可直接耕作翻埋。若秋季来不及进行秋耕,应先灭茬保墒,接纳雨雪,第2年春季及时耕翻整地,准备播种。

2. 耕地技术

(1)翻耕起垄。一般伏、秋翻好于春翻,须每隔2~3年深翻一次。翻地深度以20~23厘米为宜,翻耙、起垄连续作业。

(2)旋耕起垄。其特点是一次作业土层不乱,土壤活化好,耕地质量好,地板干净,旱地农业应大力推广。

(3)耙茬起垄。麦茬种玉米,不宜深翻、应原茬起垄或耙茬起垄,把茬深度12~15厘米,不重耙,不漏耙。耙茬地种玉米不但地温高、发苗快,而且作业成本低。生产实践证明,秋耙好于春耙,做到耙耢结合,达到播种状态。

(4)深松起垄。先松原垄沟施入底肥,再破原垄台合新垄,及时镇压。

3. 整地技术

精细整地,减少水分蒸发,保住底墒,是早春整地技术的关键所在。

根据土壤墒情和耙地时间,确定耙深。一般轻耙为8~10厘米,重耙为12~15厘米。耙耢后达到上虚下实、耙平、耙碎、耙透、耕层内无大土块,每平方米耕层内,直径为5~10厘米的

土块不得超过 5 个,沿播种垂直方向,在 4 米宽的地面高低差不超过 3 厘米,不漏耙、不拖堆。

4. 垄作耕法

垄作耕法是提高地温,防旱抗涝生产的一种耕作方式。垄作耕法,地表呈凹凸状,地表面积比平地一般增加33%,因此,受光面积大,吸收热量多,利于玉米早播和幼苗生长。据黑龙江省农业科学院 1977 年测定,在一昼夜内,垄作地温高于平作的时间有 16~18 个小时,低于平作的有 6 个小时,这对玉米的光合作用和营养物质的积累与变化,促进玉米的生长发育十分有利。

在多雨的季节,垄作比平作便于排水;干旱时,还可用垄沟灌水,又利于集中施肥。促进土壤熟化和养分分解,增加熟土层厚度,有利于玉米根系发育和产量提高。玉米垄作比平作增产15.6%以上。

第二节 玉米的矿质营养与施肥

玉米是高产作物,植株高大,茎叶繁茂,需肥量较大。特别是中晚熟品种,因生育期长,产量较高,需肥量就更大。只有了解玉米不同生育时期的营养生理特性和各种养分相互之间的作用关系,正确地掌握玉米所需要的养分种类和数量,及时地施用适量的所需养分,才能获得高产。

合理施肥是提高玉米产量和改善其品质的重要措施之一。保证供给玉米所需要的各种养分,又要增加土壤肥力,才能不断地夺取高产。合理施肥,必须认识玉米吸收营养的特性,土壤供肥能力等对施肥的影响。目前,各地玉米产量水平高低相差较大。就湖南省来说,玉米高产市县如宜章、汨罗大面积公顷产量达 9 000 千克,而低产地块公顷产量只有 1 500 千克左右,低而不稳。分析其原因,除受品种、熟期、积温和密度影响外,土壤基础肥力高低和施肥水平不同是最重要的影响因素之一。在土壤相同的条件下,施入农肥和化肥的数量不同,其产量也有一定的差异。

为使植株正常生长发育,生产上应做到氮、磷、钾合理搭配使用,避免片面强调多施某一种肥料。近几年来,由于高产地块产量不断提高,氮、磷、钾大量元素投入充足时,微量元素在玉米产量形成中的作用相对日益重要,在湖南特别是应该增加锌肥施入量,当土壤缺锌时,玉米苗期生育阶段,出现花白叶病,如不及时采取补救或补救措施不当,会影响产量。

此外,如何经济合理施肥,提高肥料利用率,既保证玉米获得高产,又保证肥料都发挥作用,而获得较大的经济效益,是当前玉米生产中十分重要的问题。

一、玉米合理施肥的生理基础

玉米正常的生长发育所必需的矿质元素有 20 多种,如氮、硫、磷、钾、钙、镁、铁、锰、铜、锌、硼、钼等矿质元素和碳、氢、氧 3 种非矿质元素等。其中,氮、磷、钾为大量元素,中量元素有硫、钙、镁。而铁、锰、铜、锌、硼、钼等元素,需要量很少,称为微量元素。

各种矿质元素都存在土壤中,但含量有所不同。一般土壤中硫、钙、镁以及各种微量元素并不十分缺乏,而氮、磷、钾因需要量大,土壤中的自然供给量,往往不能满足玉米生长的需要,所以必须通过施肥来弥补土壤天然肥力的不足。在各种必需元素中,一旦缺少其中任何一种,都会引起玉米生理生态方面的抑制作用,表现出各种特殊反应。因此,只有了解各种矿质营养元素对玉米生活机能所起的作用,才能有效地和合理地施用各种肥料。

（一）氮、磷、钾的生理作用

1. 氮

玉米对氮的需要量比其他任何元素都要多。氮是组成玉米蛋白质、酶、叶绿素、核酸、磷脂以及某些激素的重要组成成分，对玉米植株的生长发育起到重要作用。

玉米吸收氮素的特点，一般在苗期吸收铵态氮（NH_4^+）比例高，抽雄以后吸收硝态氮（NO_3^-）的比例增大。当吸收铵态氮时，其他阳离子（K^+、Ca^{2+}、Mg^{2+}等）的吸收降低，而对阴离子吸收，特别是对 PO_4^{3-} 有利。吸收硝态氮时则相反。玉米根系吸收的铵态氮，可以直接与有机酸化合形成氨基酸，参与蛋白质合成。吸收的硝态氮，植株不能直接利用，要将硝态氮还原成氨（NH_3），再与有机酸化合形成氨基酸。

氮对玉米叶片生长有着重要作用。氮作为种肥或早期追施，对单株叶数影响不大，而对单株总叶面积增加显著。

玉米氮素亏缺，将影响生长发育和降低生理功能。玉米缺氮的特征是株型细瘦，叶色黄绿，首先是下部老叶从叶尖开始变黄，然后沿中脉伸展呈楔（V）形，叶边缘仍为绿色，最后整个叶片变黄干枯。这是因为缺氮时，氮素从下部老叶转运到上部正在生长的幼叶和其他器官中去的缘故。缺氮还会引起雌穗形成延迟，或雌穗不能发育，或穗小粒少产量降低。如能及早发现和及时追施速效氮肥，可以消除或减轻这种不良现象。

2. 磷

玉米需要的磷比氮少得多，但对玉米发育却很重要。磷可使玉米植株体内氮素和糖分的转化良好；加强根系发育；还可使玉米雌穗受精良好，结实饱满。

玉米缺磷，幼苗根系减弱，生长缓慢，叶色紫红；开花期缺磷，花丝抽出延迟，雌穗受精不完全，形成发育不良、粒行不整齐的果穗;后期缺磷,果穗成熟期延迟。在缺磷的土壤中增施磷肥作基肥和种肥,能使植株发育正常,增产显著。

3. 钾

钾对玉米正常的生长发育起重要作用。钾可促进碳水化合物的合成和运转,使机械组织发育良好,厚角组织发达,提高抗倒伏的能力。而且钾对玉米雌穗的发育有促进作用,可增加单株果穗数,尤其对多果穗品种效果更为显著。

玉米缺钾则生长缓慢,叶片呈黄绿或黄色、叶边缘及叶尖干枯呈灼烧状是其突出的标志。严重缺钾时,生长停滞,节间缩短,植株矮小,果穗发育不良或出现秃尖,籽粒淀粉含量降低、千粒重减轻,容易倒伏。如果土壤缺钾,必须重视钾肥的增施。

总之,氮、磷、钾三要素对玉米生长发育的作用,既有各自的独特生理作用,又有彼此相互制约的机能,但有时却相辅相成。在玉米生育过程中,某种元素的缺乏或过多,都会导致玉米生长发育不良或减产。因此,生产上必须重视三要素合理的配合施用;同时,还必须因地制宜、适期适量地施用。

(二)微量元素的生理作用

1. 硼

硼素的缺乏常出现在碱性反应的土壤上,在酸性土壤上施用石灰过多,也可以引起硼的"诱发性缺乏"。由花岗岩发育的红壤土含硼量极低,这些地区施用硼肥效果较好。硼可做基肥使用,每亩用量 $100 \sim 250$ 克。或者用 $0.01\% \sim 0.05\%$ 溶液浸种 $12 \sim 24$ 小时,也可作叶面喷施,浓度为 $0.1\% \sim 0.2\%$。据研究,玉米施用硼肥可以显著提高植株生长素的含量及其氧化酶的活性,并加速果穗的形成。

2. 锌

缺锌多发生在 pH 值 >6 的石灰性土壤上。锌是植物体色氨酸合成酶的组分,能催化丝氨酸与吲哚乙酸形成色氨酸。而色氨酸又是生长素(IAA)合成的前体物质。所以,缺锌时 IAA 合成受阻,植株矮小。另外,锌还与植物体内多种酶的结构与活性有关。据陕西省西北水土保持生物土壤研究所试验,施硫酸锌亩产 337.9 千克,比对照 285.9 千克的增产 18.2%。锌肥可做基肥和种肥施用,每亩施用硫酸锌 0.38～1.5 千克,常用量每亩 0.65 千克;浸种处理时,可用浓度 0.02%～0.05% 的硫酸锌溶液浸 12～24 小时;根外施肥常用浓度为 0.05%～0.1%,在苗高 5 寸时午后日落前进行喷施。施锌肥可加速玉米发育 5～12 天,并使开花期以后呼吸作用减弱,有利于干物质积累。

3. 锰

缺锰多发生在轻质的石灰性土壤上,而且 pH 值一般大于 6.5。我国北方黄河流域以及南方过量施用石灰的酸性土壤,都可能是施锰的有效地区。锰肥作基肥常用量,每亩施硫酸锰 1～2.5 千克;浸种时可用 0.05%～0.1% 硫酸锰溶液,浸 12～24 小时,种籽与溶液比例为 1:1.5;根外追肥可用 0.05%～0.1% 的硫酸锰溶液,视植株大小,于黄昏前每亩喷施 25～50 千克。

此外,对缺钼、铜、镁、铁、钴的地块,适时适量的施用,对玉米生理过程,有刺激酶的活性和提高产量等作用。

(三)玉米对主要矿质营养元素的需要和吸收

1. 氮、磷、钾等营养元素在玉米各器官中的分布

由氮、磷、钾等营养元素形成的有机物质,在各器官的分布是:蛋白质和脂肪以籽粒中最多,其次是茎叶,穗轴最少;纤维素以茎、叶和穗轴中最多,籽粒中最少;淀粉以籽粒中最多,苞叶和根部次之,茎、叶、穗轴中最少;灰分,以根叶中最多。各种有机物质,以纤维素、无氮浸出物最多,蛋白质次之,脂肪更次之。

由于各种有机物质在玉米各器官的分布不同,因而各器官

中氮、磷、钾的含量也不同。根据试验分析,氮素在茎、叶、籽粒中含量最高,比在根、穗轴、苞叶、雄花中的高出一倍多。玉米在生长过程中,从土壤中吸取来的氮素营养,主要先在叶中进行光合作用,同化成为简单的含氮有机物质,当籽粒形成的时候,积聚在叶中的含氮有机物质,向籽粒内转运,以复合蛋白质的形式存起来。据哈依(HayR. E,1953)的研究,由营养部分转入籽粒的氮量中有60%是由叶转入的,26%是由茎转入的,12%是由苞叶转入的,还有2%是由果穗转入的。在籽粒中有57%的氮是由营养部分转入的,占成熟种籽总氮量的60%。因此,籽粒中还有40%的氮量是取自根及土壤中的。磷在茎和籽粒中含量最高,在根和其他器官中含量较低。在玉米植株中,通常磷的存在大部分是有机态的,但在出苗后磷供给过剩时,部分磷以无机态的形式积聚在植株内。钾素在根、籽粒和叶中含量较高,其他器官则较低。钾在植物中完全呈游离状态存在,在植物生活中的作用是多方面的,对碳水化合物的合成和转移有重要关系,同时对氮素代谢也是不可缺少的。钾素较多时,进入植株体内的氮较多,形成蛋白质也多。钾与蛋白质在植物体内的分布大体上是一致的。例如,生长点、形成层等是蛋白质分布较多的部位,也是钾离子存在较多的地方。

氮、磷、钾在玉米各器官中的分布和比例随着营养条件、生育时期、品种特性等的不同,可能有些变化,但这种变化是很微小的。

钙、镁和其他微量元素,在玉米植株各器官中含量不多。玉米叶中含钙约为干物质重的0.3%、含镁约0.25%。在茎中含钙约为干物质重的0.1%,含镁约为0.09%。在籽粒中含钙约为干物质的0.01%,含镁约为0.08%。

2. 玉米籽粒产量与氮、磷、钾数量的比例关系

玉米是高产作物,需肥较多,一般规律是随着产量的提高,

吸收到植株体内的营养数量也增多。玉米一生中吸收的养分以氮为最多,钾次之,磷较少。

从表中可以看出,玉米吸收 N、P、K 的数量和比例不尽一致。这是因为营养元素的吸收量受土壤、肥料、气候、玉米生育状况等很多因素的影响。因此,上述资料只能看出玉米吸肥的大致趋势,供生产上施肥时参考。如将上述资料加以平均,则可看出,每生产 100 千克玉米籽粒则需吸收 N 3.43 千克,P_2O_5 1.23 千克,K_2O 3.26 千克;N、P、K 的比例为 3∶1∶2.8。

对玉米施用氮肥,增产效果显著。据前华北农科所试验,亩施纯氮 2 千克,亩产 213 千克;施纯氮 4 千克,亩产 236.7 千克;施纯氮 6 千克,亩产 253.3 千克,分别比对照(不施肥)亩产 129.1 千克的每亩增产 83.9 千克、107.6 千克和 124.2 千克,最高的增产近一倍。主要原因是玉米生长发育中需氮量大,而一般土壤中含氮量低,施用的农家肥料中含氮也少。据测定,华北土壤含氮量在 0.06%~0.08%,一般土杂肥中含氮在 0.2%~0.3%,这就形成了玉米生产中增产与氮肥不足的矛盾,因而增施氮肥后,增产效果特别显著。

玉米对钾的需要量也较大,但据分析,华北土壤和农家肥料中含钾较多,除在特别缺钾的土壤上或丰产生产时需要补施钾肥外,在目前一般产量情况下,可以不必单独施用钾肥。

玉米需磷较少,但一般土壤中可供利用的有效磷量较低,农家肥料中含磷量也不多,因此,要获得玉米高产,需要考虑补施磷肥的问题。玉米吸收养分需要一定的氮、磷比,如磷素缺乏就会限制对氮素的吸收。在高产生产中,应以施氮为主,注意磷、钾的配合,才能提高增产效果。根据国内研究,土壤有效磷 10 毫克/千克以下,施磷增产效果最好,20 毫克/千克增产效果比较明显,30 毫克/千克有增产效果,高达 45 毫克/千克还有一定增产作用。

3. 玉米各生育时期对氮、磷、钾三要素的吸收

玉米不同生育时期,吸收氮、磷、钾的速度和数量是不同的,一般来说,幼苗期生长慢,植株小,吸收的养分少。拔节至开花期生长很快,此时正值雌、雄穗形成发育时期,吸收养分速度快,数量多,是玉米需要营养的关键时期。在此时供给充足的营养物质,能够促进穗多、穗大。生育后期,吸收速度逐渐缓慢,吸收量也少。

氮在各生育时期吸收量,从占干物质重的数量来看,以苗期最多,随着植株的生长则逐渐下降。累进吸收量,在全生育期中则逐渐上升,进入拔节孕穗期后吸收量迅速增长。

春玉米吸收氮量的高峰来得晚,也比较平稳。拔节孕穗期的累进量为 34.35%,到抽穗开花期为 53.30%,也就是说,从拔节到开花的 46 天中,氮的吸收量占总吸收量的 51.16%,平均每天吸收量为 1.1%。灌浆成熟期吸收速度渐慢,43 天的吸收量占总吸收量的 46.7%,平均每天的吸收量为 1.08%。因此,除要追施拔节肥和重施穗肥外,还要重施粒肥,才能满足后期对肥料的要求,以获得高产。

磷在玉米各生育期的吸收量,占干物质重的数量比较平稳,累积吸收量逐渐上升,至拔节孕穗期末为 46.16%,抽穗开花期为 64.98%,授粉以后到成熟,磷的吸收量还占 35.02%。所以,春玉米除在播种时施用磷肥外,抽雄前适当追施磷肥亦有增产效果。

钾在玉米各生育时期的吸收量,以幼苗期占干物质重最大(占 3.35%),随植株生长迅速下降。累进吸收量,在拔节以后迅速上升,至抽雄开花已达顶点,在灌装至成熟期因植株内钾素外渗到土壤中去,所以缓慢下降。

总之,玉米各生育期对氮、磷、钾的吸收量,在抽雄开花期达到高峰。全生育期对三要素的吸收量,以氮最高,钾次之,磷较

少。因此,玉米施肥,必须以增施氮肥为主,相应配合磷、钾肥。

二、玉米施肥技术

培肥地力是玉米高产稳产的基础。根据日本浦野等人报道,在连作玉米地块,不要连续单施化肥,特别是连续单施硫酸铵酸性氮素化肥,最好以有机肥为主配合化肥施用,效果好。有机肥用量必须逐年增加,施入量大于支出量,地才能越种越肥,产量才能逐年提高。另据美国报道,由于采用玉米秸秆全部还田,有的再增加一部分有机肥料,高产玉米的农场,土壤肥力高,有机质含量丰富,一般土壤有机质含量4% ~5%。创纪录的公顷产玉米籽粒21 225千克的高产地块,土壤有机质含量达到8.5%。我国西南及南方土壤,一般有机质含量偏低,中低产地块有机质含量仅在1%以下,高产地块1% ~2%。据测定,湖南旱地的500千克高产地块有机质含量仅1.5%左右。由此可见,增加土壤有机质是肥田改土的根本措施,是提高玉米产量的物质基础。

(一)施肥的一般原则

各地丰产经验证明,玉米施肥应掌握"基肥为主,种肥、追肥为辅;有机肥为主,化肥为辅;基肥、磷钾肥早施,追肥分期施"等原则。施肥量应根据产量指标、地力基础、肥料质量、肥料利用率、密度、品种等因素灵活运用。

(二)玉米的施肥量

玉米形成一定的产量,需要从土壤和肥料中吸收响应的养分,产量越高,需肥越多。在一定的范围内,玉米的产量随着施肥量的增加而提高。在当前大面积生产上,施肥量不足仍然是限制玉米产量提高的重要因素。生产实践表明,玉米由低产变高产,走高投入、高产出、低消耗和高效益的路子是行之有效的。

当然,这并不意味着施肥越多越好。当投入量小于产出量时就要减少施肥量。

玉米的施肥量应根据玉米的需肥规律、产量水平、土壤供肥能力、肥料养分含量、肥料利用率、气候条件变化等多因素考虑。一般施肥量可以根据下述公式计算:

$$施肥量 = \frac{计划产量对某元素的需要量 - 土壤对某元素供的应量}{肥料对某元素含量(\%) \times 肥料利用率(\%)}$$

其中:

计划产量对某元素的需要量 = 作物全干重 × 1.2%

土壤对某元素的供应量 = 土壤矿化氮量 + 土壤余留氮量

各种肥料的利用率,不仅因肥料种类和形态而不同,而且与氮、磷、钾用量和比例,施用时间和方法,以及土壤水分和养分状况,都有密切关系。因此上述施肥量的计算仅供计划用肥参考。

(三)配方施肥技术

科学地施用肥料与玉米的高产、优质、高效有着极为密切的关系。任何优良品种和先进的生产技术,如果没有以科学的施肥为基础,其高产、优质、高效的作用就不能充分发挥。配方施肥技术是近年来大力推广的科学施肥技术,取得了明显的节肥增产、节支增收、增肥增产增收的效果,取得了较好的经济效益、生态效益和社会效益。

黑龙江省等东北、华北地区配方施肥技术始于2006年。该项技术的推广使得磷肥利用率比经验施肥量提高了4.4%,氮肥利用率提高了14%。据统计,配方施肥可平均每公顷增产玉米240千克以上。

所谓配方施肥是指综合运用现代农业科技成果,根据作物需肥规律、土壤供肥性能与肥料效应,在以有机肥为基础的条件下,提出氮、磷、钾和微量元素肥料的适宜用量比例体积相应的施肥技术。

配方施肥的特点是产前测定土壤基础肥力状况,根据目标产量确定肥料用量及比例,从而实现经济施肥、合理施肥。

玉米配方施肥方法很多,在生产中常用的有氮、磷比例法、目标产量法、肥料效应函数法和微量元素临界值法。

1. 氮、磷、钾比例配方法

此种方法是根据田间试验和生产经验相结合的一种综合估算配方法。氮、磷最佳配比田间试验,为开展玉米配方施肥奠定了基础。湖南省通过多年多点试验,基本查清了各类土壤中玉米施用氮、磷化肥的最佳比例。一般氮、磷(P_2O_5)、钾(K_2O)比例为 1 : 2 : 1。

氮、磷比例配方的具体做法如下。

①应用土壤普查结果,按地块划分的等级(土壤中有效氮、磷、钾含量),计算土壤养分含量。②应用多年玉米肥料试验资料和生产经验估算出氮、磷、钾的利用率和施肥量。③根据氮、磷、钾配比田间实验资料,找出当地玉米施肥的最佳氮、磷、钾的比例,再计算出氮、磷、钾的实际用量。

2. 目标产量配方法(地力减差法)

此法主要依据土壤、肥料两方面供给玉米养分的原理计算肥料的用量。目标产量(计划产量)确定后,根据养分情况确定施肥用量。具体做法如下。

①空白产量。玉米在不施肥的条件下,所得的产量为空白产量,其养分全部来自于土壤。②计划产量减去空白产量后,增加的产量就是施用化肥所得到的产量。③根据玉米施用化肥当年利用率和施用氮、磷、钾比例计算氮、磷、钾化肥的施用量。

例如,某生产单位种植玉米,品种为四单 8 号,通过调查玉米空白(不施肥)公顷产量为 6 000 千克,根据三年来施肥后的平均每公顷产量达 9 750 千克,在此基础上增产 15%,计划每公

顷产量为 11 220 千克。化肥施用量应为:

尿素的施用量:尿素含氮率为 46%,尿素当年利用率为0%,每收获 100 千克玉米籽粒需氮素养分 2.5 千克。

$$尿素用量 = \frac{2.5 \div 100(11\ 220 - 6\ 000)}{46\% \times 50\%} = 567.39\ 千克/公顷$$

三料用量:当地氮、磷比例为 1:0.5,567.39 千克尿素中含氮素为 567.39 × 46% = 260.99 千克,磷素为氮素的 1/2,260.99 ÷ 2 = 130.5 千克,因为三料含磷 46%,三料用量 = 130.5 × 46% = 283.7 千克/公顷。

同理,可以根据氮、磷、钾施用比例,推算出钾肥的施用量。

3. 养分平衡法

平衡施肥是在精细测土的基础上,以作物需肥规律为依据,以历年产量为参考,结合田间试验,提出目标产量,并确定出达到目标产量所需肥料种类、数量及配比。目前,确定施肥量的主要方法有养分平衡法、养分丰缺指标法及肥料效应函数法,这些方法各有优缺点,相比较而言养分平衡法较实用,该方法就是以土壤养分测试为基础来确定施肥量。其计算公式为:

施肥量(千克/亩) = (作物单位产量养分吸收量 × 目标产量 – 土壤测定值 × 0.16)/(肥料养分含量 × 肥料利用率)

其中:0.16 为换算系数,表示土壤速效养分换算成每亩地耕作层所能提供的养分系数;氮素肥料的利用率为 20% ~ 40%,磷素肥料的利用率为 10% ~ 25%,钾素的肥料的利用率为 30% ~ 50%。

4. 临界值法

此法是微量元素肥料配方的一种方法,其方法如下。

①首先查清土壤中玉米生育必要的几种微量元素的含量,特别是有效含量。②掌握玉米必需的几种微量元素的临界值,

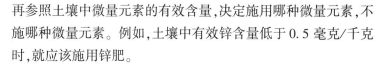

再参照土壤中微量元素的有效含量,决定施用哪种微量元素,不施哪种微量元素。例如,土壤中有效锌含量低于0.5毫克/千克时,就应该施用锌肥。

（四）施肥技术

1. 施足基肥

基肥又称底肥,播种前施入,应以有机肥料为主,化肥为辅。基肥的主要作用是培肥地力,疏松土壤,缓慢释放养分,供给玉米幼苗期和生育后期生长发育的需要。

有机肥主要有畜禽粪便、杂草堆肥、秸秆沤肥以及各类土杂肥等。肥效时间长,有机质含量高,含有氮、磷、钾和各种微量元素。种植豆科绿肥,也是解决玉米基肥的重要来源。绿肥中含有机质多,能改良土壤结构,氮的含量又比磷钾多;适合玉米的营养要求。因此,不论休闲地种植绿肥或玉米地套种绿肥,均对第2年玉米有显著的增产效果。据陕西省汉中农业科学研究所试验,施用绿肥的,比未施肥的增产40%~48%。有机肥做基肥时,最好与磷肥一起堆沤,施用前再掺入氮肥,减少土壤对磷的固定。氮、磷混合施用,以磷固氮,可以减少氮素的挥发损失,提高肥效。

常用化肥有尿素、碳酸氢铵、磷酸二铵、过磷酸钙、硫酸钾、氯化钾等。化学肥料的养分含量高,发挥肥效快。在大型的国营农场机械作业以及有秋耕和春耕习惯的地区,常在冬、春季耕作时给玉米施用有机肥和秸秆还田时配合施用化肥作为基肥。

基肥施用方法要因地制宜。主要有撒施、条施和穴施3种方法。基肥充足时可以撒施后耕翻入土,或大部分撒施,小部分集中施。如肥料不足,可全部沟施或穴施。"施肥一大片,不如一条线(沟施),一条线不如一个蛋(穴施)",群众的语言生动地说明了集中施肥的增产效果。

2. 用好种肥

在播种时施在种籽附近或随种籽同时施入，供给种子发芽和幼苗生长发育的所需的肥料，称为种肥。有些地方也叫口肥、盖粪、窝肥。施用种肥以速效化肥为主，也有施用腐熟农家肥的。

氮素化肥种类和形态很多，因其性质和含量不同，对种子发芽和幼苗生长有不同的影响。有的适宜作种肥，有的不适宜作种肥，应在了解肥料性质后选择使用。就含氮形态来说，固体的硝态氮肥和铵态氮肥，只要用量合适，施用方法恰当，作种肥施用安全可行。硝态氮肥和铵态氮肥均容易被玉米根系吸收，并被土壤胶体吸附，食粮的铵态氮对玉米无害。各地生产实践证明，磷酸二铵做种肥比较安全，碳酸氢铵、尿素作种肥时，必须与种籽保持 10 厘米以上的距离，避免烧苗。

在玉米播种时配合施用磷肥和钾肥有明显的增产效果。根据试验，在中等氮元素水平条件下（有机质 1.71%，全氮 0.10%，速效磷 5 毫克/千克，速效钾 40 毫克/千克），增施钾肥或磷、钾肥，比单施氮肥分别增产 11.6% 和 17.0%。表明氮、磷、钾肥料配合施用效果更好。种肥施用数量应根据土壤肥力、基肥用量而定。在施用基肥较多的情况下，可以少施或不施用种肥；反之，可以多施种肥。种宜穴施或条施，施用化肥应使其与种籽隔离或与土壤混合，预防烧伤种籽。

3. 追肥的施用

玉米是需肥较多和吸肥较集中的作物，出苗后单靠基肥和种肥，还不能满足拔节孕穗和生育后期的需要。

我国各地农民群众对玉米合理追肥都有着丰富的经验，如"头遍追肥一尺高，二遍追肥正齐腰，三遍追肥出毛毛""三看"（看天、看地、看苗）、"三攻"（攻秆、攻穗、攻粒）、"单株管理"和"吃偏饭"等，这在一定条件下，概括了玉米的追肥技术。

按照玉米不同生育时期追施的肥料,可分为苗肥、拔节肥、穗肥和粒肥4种。

苗肥是指从出苗至拔节前追施的肥料。这一时期处于雄穗生长锥未伸长期。拔节肥,是指拔节至拔节后10天左右至抽雄前追施的肥料。这一时期处于雄穗生长锥伸长期至雌穗生长锥伸长期前为茎叶迅速生长时期。穗肥,是指拔节后10天左右至抽雄穗期前追施的肥料,此期为雌穗分化形成的主要时期。粒肥,是指雌、雄穗处于开花受精到籽粒形成期,进行追肥以增加粒重。现将这4次追肥分述为下。

(1)苗肥。凡是套种或抢茬播种没有施底肥的玉米,定苗后要抓紧追足有机肥料。此时追施有机肥料,既发苗又稳长。对弱苗必须实行"单株管理",给三类苗追施"促苗肥",可用"打肥水针"的办法,或用稀人粪尿偏攻弱苗,使它们能迅速生长,赶上一般植株高度,才能保证大面积上株株整齐健壮,平衡增产。

(2)拔节肥。拔节肥能促进中上部叶片的增大,增加光合叶面积,延长下部叶片的光合作用的时期,为促根、壮秆、增穗打好基础。玉米进入拔节期以后,营养体生长加快,雄穗分化正在进行,雌穗分化将要开始,对营养物质要求日渐迫切,故及时追施拔节肥,一般均能获得增产效果。拔节肥的施用量,要根据土壤、底肥和苗情等情况来决定。在地力足,底肥足,植株生长健壮的条件下,要适当控制追肥数量,追肥的时间也应晚些;在土地瘠薄,底肥少,植株生长瘦弱的情况下,应当适当多施和早施。

拔节肥以施速效氮肥为主,但在磷肥和钾肥施用有效的土壤上,可酌量追施一部分磷、钾肥。据中国农业科学院试验,用N、P之比1:1混合肥料追施拔节肥,增产效果显著。

(3)穗肥。穗肥是指在雌穗生长锥伸长期至雄穗抽出前追施的肥料。此时正处于雌穗小穗、小花分化期,营养体生长速度最快,雌雄穗分化形成处于盛期,需水需肥最多,是决定果穗大小、籽粒多少的关键时期。这时重施穗肥,肥水齐攻,既能满足穗分化的肥水需要,有能提高中上部叶片的光合生产率,使运入果穗的养分多,粒多而饱满,产量提高。

各地很多玉米丰产经验和试验证明,只要苗期生长正常的情况下,重施穗肥都能获得显著的增产效果。特别在化肥不足的情况下,一次集中追施穗肥,增产效果显著。

在土壤较肥沃、施基肥和种肥的情况下,如果追肥数量不多,集中施用穗肥的效果很好。如据河北农科院试验,每公顷用150千克硫酸铵作苗肥,每公顷产量3 132千克,而用作穗肥(抽雄穗前),每公顷产量3 741千克,每公顷增产609千克。又如,以每公顷用硫酸铵270千克一次作为穗肥施用,比定苗后施180千克、抽穗前施90千克两次追肥的增产358.5千克,比定苗后90千克、抽穗前180千克两次追施的增产153.75千克。追肥量,定苗后少,抽穗前多,比定苗后多,抽穗前少的增产204.75千克。

如前期幼苗生长正常,追肥数量多,品种生育期长,以分期追肥重施穗肥的增产效果好,穗肥可占追肥总量的60% ~ 70%,拔节肥可占20% ~ 30%。

(4)粒肥。根据春玉米的需肥规律,在生育后期适时适量地增施以氮肥为主、氮磷配合的粒肥,是春玉米丰产的重要环节。为了防止春玉米后期脱肥,在抽雄后至开花授粉前,可结合浇水,追施攻粒肥;粒肥用量不宜过多,占追肥总量的10%左右。攻粒肥要适期早施,因雌穗受精后籽粒中有机物质的积累,在前期度较快,因而早施比晚施效果大。在前期施肥不多,玉米生长较弱时,施攻粒肥能发挥玉米的增产潜力。施粒肥的主要作用是防止叶片早衰,提高光合效率,促进粒多、粒重、获得高产。

另外,在玉米抽雄开花以后,可以根外喷施磷肥,以茎叶吸收达到营养目的,对促进养分向籽粒运输、增加粒重有明显的作用。一般用0.4%～0.5%的磷酸二氢钾水溶液或用3%～4%的过磷酸钙澄清浸出液,每公顷用量1 200～1 500千克,喷于茎叶上,效果显著。

据国外报道,给玉米施用二氧化碳(CO_2),可提高玉米产量。方法是在玉米田间,以1米左右等距施放一磅重的二氧化碳干冰,玉米产量可提高1/3以上。也可在田间间歇地喷CO_2,亦有增产效果。这种办法,除在高额丰产田里经分析确认为CO_2不足时可以考虑外,在一般产量情况下,CO_2尚不是限制产量提高的主要因素。

关于玉米经济用肥问题,山东省农业科学院研究结果指出:每公顷追穗肥纯氮37.5千克的比不追穗的每公顷产3 208.4千克增产26.03%。每千克氮素增产玉米41.08千克。每公顷施纯氮82.5千克的比不施肥的增产40.26%,每千克氮素增产31.5千克。每公顷施纯氮127.5千克的比不施肥的增产43.41%,每千克氮素增产22.7千克。这样看来,虽然每公顷施纯氮127.5千克(合硫酸铵637.5千克),每公顷产量达4 601.25千克,但是每千克氮素的实际效果要比每公顷施氮素37.5千克的降低一半。如果把8.5千克纯氮在0.2公顷地施用,以每千克氮素增产20千克玉米计算,可增产170千克,要比在0.067公顷地上施用多产50千克。

第三节　玉米的缺素症状以及补救措施

一、缺氮

氮素对玉米生长发育的影响很大。玉米在生长初期氮素不足时,植株生长缓慢,叶片呈黄绿色;旺盛生长期氮素不足时,植株呈淡绿色,然后变成黄色。同时下部叶片开始干枯,叶片由下而上发黄,先从叶尖开始,然后沿中脉向叶基延伸,形成一个"V"字形黄化部分,边缘仍为绿色,最后全叶变黄枯死,果穗小,顶部籽粒不充实。产生原因:土壤有机质和氮素含量少,低温或淹水,特别是中期干旱或大雨易出现缺氮症。及时施氮肥或者叶面喷施氮肥、浇水。

二、缺磷

玉米在整个生长发育过程中,有两个时期最容易缺磷。第一个时期是幼苗期:玉米从发芽至三叶期前,如果此期磷素不足,下部叶片便开始出现暗绿色,此后从边缘开始出现紫红色;极端缺磷时,叶边缘从叶尖、叶缘失绿开始呈紫红色,后叶端枯死或变成暗紫褐色或褐色,此后生长更加缓慢,植株矮化,根系不发达。第二个时期是开花期:玉米开花期植株内部的磷开始从叶片和茎内向籽粒中转移,如果此时缺磷,雌蕊花丝延迟抽出,植株雌穗授粉受阻,受精不完全,籽粒不充实,果穗少,往往就会生长出籽实行列歪曲的畸形果穗。产生原因:土壤极度缺乏磷素,或者低温、土壤湿度小利于发病,酸性土、红壤、黄壤易缺有效磷。补救措施:及时追施磷肥或者叶面喷施 0.2% ~ 0.5%的磷酸二氢钾叶面肥、每亩 50 千克稀释液,及时浇水。

三、缺钾

玉米幼苗期缺钾,植株生长缓慢,茎秆矮小,嫩叶呈黄色或黄揭色;严重缺钾时,下部叶片的叶尖、叶缘呈黄色或顶端呈火烧状红焦枯。较老的植株缺钾时,叶脉变黄,植株节间缩短,根系生长发育弱,易倒伏,果穗小,果穗顶部发育不良形成缺粒。籽粒小,产量低,壳厚淀粉少,品质差,籽粒成熟晚。产生原因:

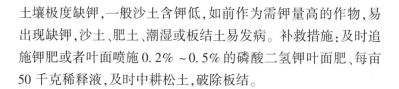

土壤极度缺钾,一般沙土含钾低,如前作为需钾量高的作物,易出现缺钾,沙土、肥土、潮湿或板结土易发病。补救措施:及时追施钾肥或者叶面喷施0.2%~0.5%的磷酸二氢钾叶面肥、每亩50千克稀释液,及时中耕松土,破除板结。

四、缺锌

玉米缺锌症状表现为:病株发育迟缓,节间变短、矮化;幼苗期和生长前期缺锌,新叶的下半部浮现淡黄色乃至白色,基部2/3部位尤为显著,严重的成为白苗、死叶,俗名"花白苗"或"白花叶病","花白苗"为苗期症状。叶片具浅白条纹,逐渐扩展,中脉两侧出现白化宽带组织区,中脉和边缘仍为绿色,有时叶缘、叶鞘呈褐色或红色。拔节后,病叶中脉两侧出现黄色条斑,严重时呈宽而白化的斑块,叶肉消失。呈半透时,状如白绸,以后患部出现紫红色,并渐渐变浓成紫红色斑块。病叶遇风容易撕裂。生长中后期缺锌,雌穗吐丝期和雄穗抽雄期延迟,有的不能吐丝,果穗缺籽秃顶。发生原因:土壤有机肥少极度缺锌、土壤酸碱度高、低温、湿度大、或土壤、肥料中含磷过多等都易发生缺锌症。补救措施:基施锌肥,施1~2千克/亩硫酸锌,可用于春玉米;夏玉米来不及基施的发生缺锌可叶面喷施0.1%~0.2%的硫酸锌溶液,在苗期和拔节期喷2~3次,每亩喷肥液50千克左右。亦可在苗期条施于玉米苗两侧,播种时对缺锌地块,可种子处理,种子用4~6克/千克硫酸锌,加适量水溶解后浸种或拌种。

五、缺镁

玉米缺镁症状:幼苗上部叶片普遍变黄,叶脉间出现黄白相间的褪绿条纹,下部老叶随着尖端和边缘变紫呈紫红色,甚至干枯而死,全株叶脉间出现黄绿条纹或矮化。发生原因:土壤极度缺乏镁元素,或土壤酸度高,或受到大雨淋洗后的沙土易缺镁,含钾量高或因施用石灰致含镁量减少导致玉米发病,氧化钾与氧化镁比(氧化钾/氧化镁)大于 2 时都易引起缺镁。补救措施:发现症状,及时查找具体原因,及时追施氧化镁等肥料改善土壤环境,增施有机肥,对酸性较大的土壤,增施含镁石灰,如施用白云粉提高土壤供镁能力;叶面喷施 0.5%~1% 的含镁肥料稀释液,酸性土壤宜选用碳酸镁或氧化镁,中性与碱性的土壤宜选用硫酸镁。也可喷施惠满丰多元素复合有机活性液肥 210~240 毫升,对水稀释 300~400 倍或促丰宝活性液肥 E 型 600~800 倍液、多功能高效液肥万家宝 500~600 倍液,每亩喷施 50~75 千克,连喷 2~3 次。

六、缺硼

玉米缺硼症状:植株生长瘦矮,新叶狭长,叶脉间组织变薄,嫩叶脆弱,生长缓慢或不展开,叶脉间出现不规则白色斑点,并逐渐融合成呈白色透明条纹,幼叶展开困难,严重的节间伸长受抑,雄穗不易抽出。雌穗发育畸形及不易吐丝,靠近茎秆一边果穗皱缩缺粒,甚至形成空秆。发病原因:干旱、土壤酸度高或沙土地、一般碱性土壤或施用石灰过多的酸性土壤,易出现缺硼症状。补救方法:施用硼肥,春玉米基施硼砂 0.5 千克/亩,与有机肥混施效果更好;夏玉米前期缺乏,开沟追施或叶面喷施两次浓度为 0.1%~0.2% 的硼酸溶液,间隔 10 天左右喷 1 次,每次每亩喷 50 千克左右;灌水抗旱,防止土壤干燥。

七、缺锰

玉米缺锰症状:幼叶变黄,幼叶脉间组织逐渐变黄,但叶脉及附近部分仍保持绿色,因而形成黄、绿相间的条纹。叶片弯曲下披,根系细长呈白色,严重缺锰时,叶片黄色条纹可逐步扩展形成杂色雀斑或黑褐色斑点,并逐渐扩展到整个叶。发生原因:一般石灰性土壤,pH 值大于 7;多雨地区,紧靠河岸的田块,锰易被淋失;施用过量的石灰等易导致缺锰。补救方法:用硫酸锰 1 千克/亩,以条施最为经济;叶面喷施 0.05% ~0.1% 的硫酸锰溶液在苗期、拔节期各喷 1 ~2 次,每亩喷肥液 50 千克左右;用 0.1% 的锰肥溶液种子处理,每 10 千克种子用 5 ~8 克硫酸锰加 150 克滑石粉。

八、缺硫

成熟期延迟。初发时叶片叶脉间发黄,植株矮化发僵,叶丛发黄,中后期上部新叶失绿黄化,脉间组织失绿更为明显,随后由叶缘开始逐渐转为淡红色至浅紫红色,同时茎基部也呈现紫红色,幼叶多呈现缺硫症状,而老叶保持绿色;生育期延迟,结实率低籽粒不饱满。发生原因:酸性沙质土、有机质含量少或寒冷潮湿的土壤易发病。补救措施:可施用含硫的复合肥或硫酸铵、硫酸钾、硫酸锌等含硫肥料。玉米生长期出现缺硫症状,可叶面喷施 0.5% 的硫酸盐水溶液。

九、缺铁

玉米缺铁幼苗叶脉间失绿呈条纹状,中、下部叶片为黄绿色条纹,老叶绿色;严重时整个心叶失绿发白,失绿部分色泽均一,一般不出现坏死斑点,严重时心叶不出,生育延迟,甚至不能抽穗。发生原因:石灰性土壤通气良好条件下易缺铁。土壤中磷、锌、锰、铜含量过高,施用硝态氮肥也会加重铁的缺乏。补救措施:用混入 5 ~6 千克/亩硫酸亚铁的有机肥 1 000 ~1 500 千克作基肥,以减少与土壤接触,提高铁肥有效性;根外追肥,以 0.2% ~0.3% 尿素、硫酸亚铁混合液连喷 2 ~3 次;选用耐缺铁品种。

十、缺钙

玉米植株缺钙时,幼苗叶片不能抽出或不展开,有的叶尖粘合在一起呈梯状,植株呈轻微黄绿色或引致矮化。叶缘白色斑纹并有锯齿状不规则横向开裂,顶叶卷呈"弓"状,叶片粘连,不能正常伸展。发生原因是因为土壤酸度过低或矿质土壤 pH 值 5.5 以下,土壤有机质在 48 毫克/千克以下或钾、镁含量过高易发生缺钙。补救措施:石灰性土壤一般不会缺钙,如果玉米发生生理性缺钙症状可喷施 0.5% 的氯化钙水溶液。强酸性低盐土壤,可每亩施石灰 50~70 千克,但忌与铵态氮肥或腐熟的有机肥混合施入。重过磷酸钙 20~23 千克。或用过磷酸钙 1~1.5 千克浸泡 24 小时后滤出清液,对水 50~60 千克喷雾。

第四节 灌溉与排水

玉米是需水较多的作物,从种子发芽,出苗到成熟的整个生育期间,除了苗期应适当控制土壤水分进行蹲苗外,自拔节至成熟,都必须适当地满足玉米对水分的要求,才能使其正常地生长发育。因此,必须根据降水情况和墒情,及时灌溉或排水,使玉米各个生育阶段处在一个适宜的土壤水分条件下,再配合其他生产技术措施,才能获得玉米的高产稳产。我国 3 亿多亩玉米中,约有 1 亿多亩为灌溉玉米。应根据玉米的需水特点和需水指标,科学地制订灌水定额,推广节水灌溉技术,提高水分利用率,实现玉米的高产量和高效益。

一、玉米对水分的要求

(一)玉米的需水规律

玉米全生育期每公顷需水量为 3 000~5 400 立方米,而不同生育时期对水分的要求不同,由于不同生育时期的植株大小和田间覆盖状况不同,所以,叶面蒸腾量和棵间蒸发量的比例变化很大。生育前期植株矮小,地面覆盖不严,田间水分的消耗主要是棵间蒸发,生育中、后期植株较大,由于封行,地面覆盖较好,土壤水分的消耗则以叶面蒸腾为主。在整个生育过程中,应尽量减少棵间蒸发,以减少土壤水分的无益消耗。玉米整个生育期内,水分的消耗因土壤、气候条件和生产技术有很大的变动。

1. 播种出苗期

玉米从播种发芽到出苗,需水量少,占总需水量的 3.1% ~ 6.1%。玉米播种后,需要吸取本身绝对干重的 48% ~ 50% 的水分,才能膨胀发芽。如果土壤墒情不好,即使勉强膨胀发芽,也往往因顶土出苗力弱而造成严重缺苗;如果土壤水分过多,通气性不良,种籽容易霉烂也会造成缺苗,在低温情况下更为严重。据陕西省武功灌溉试验站试验结果,玉米播种期土壤田间持水量为 41% 时,没有出苗;田间持水量为 48% 时,出苗率为 10%;田间持水量为 56% 时,出苗率为 60%;田间持水量为 63% 时,出苗率为 90%;田间持水量为 70% 时,出苗率高达 97%;而土壤田间持水量为 78% 时,出苗率反而下降到 90%。因此,播种时,耕层土壤必须保持在田间持水量为 60% ~ 70%,才能保证良好的出苗。

2. 幼苗期

玉米在出苗到拔节的幼苗期间,植株矮小,生长缓慢,叶面蒸腾量较少,所以耗水量也不大,占总需水量的 17.8% ~ 15.6%。这时的生长中心是根系,为了使根系发育良好,并向纵深伸展,必须保持在表土层疏松干燥和下层土比较湿润的状况,如果上层土壤水分过多,根系分布在耕作层之内反不利于培育壮苗。

因此,这一阶段应控制土壤水分在田间持水量的60%左右,可以为玉米蹲苗创造良好的条件,对促进根系发育,茎秆增粗,减轻倒伏和提高产量都起一定作用。

3. 拔节孕穗期

玉米植株开始拔节以后,生长进入旺盛阶段。这个时期茎和叶的增长量很大,雌雄穗不断分化和形成,干物质积累增加。这一阶段是玉米由营养生长进入营养生长与生殖生长并进时期,植株各方面的生理活动机能逐渐加强;同时,这一时期气温还不断升高,叶面蒸腾强烈。因此,玉米对水分的要求比较高,占总需水量的29.6%~23.4%。特别是抽雄前半个月左右,雄穗已经形成,雌穗正加速小穗、小花分化,对水分条件的要求更高。这时如果水分供应不足,就会引起小穗、小花数目减少,因而也就减少了果穗上籽粒的数量。同时还会造成"卡脖旱",延迟抽雄授粉,降低结实率而影响产量。据试验,抽雄期因干旱而造成的减产可高达20%以上,尤其是干旱造成植株较长时间萎蔫后,即使再浇水,也不能弥补产量的损失。因为水是光合作用重要原料之一,水分不足,不但会影响有机物质的合成,而且干旱高温条件,能使植株体温升高,呼吸作用增强,反而消耗了已积累的养分。所以,浇水除了溶解肥料利于根部吸收保证养分运转外,还能加强植株的蒸腾作用,使体内热量随叶面蒸腾而散失,起到调节植株体温的作用。这一阶段土壤水分以保持田间持水量的70%~80%为宜。

4. 抽穗开花期

玉米抽穗开花期,对土壤分十分敏感,如水分不足,气温升高,空气干燥,抽出的雄穗两三天内就会"晒花",甚至有的雄穗不能抽出,或抽出的时间延长,造成严重的减产,甚至颗粒无收。这一时期,玉米植株的新陈代谢最为旺盛,对水分的要求达到它一生的最高峰,称为玉米需水的"临界期"。这时需水量因抽穗到开花的时间短,所占总需水量的比率比较低,为 13.8% ~ 2.8%;但从每日每亩需水量的绝对值来说,却很高,达到 3.69% ~ 3.32 立方米/亩。因此,这一阶段土壤水分以保持田间持水量的 80% 左右为最好。

5. 灌浆成熟期

玉米进入灌浆和蜡熟的生育后期时,仍然需要相当多的水分,才能满足生长发育的需要。这时需水量占总需水量的 31.5% ~ 19.2%,这期间是产量形成的主要阶段,需要有充足的水分作为溶媒,才能保证把茎、叶中所积累的营养物质顺利地运转到籽粒中去。所以,这时土壤水分状况比起生育前期更具有重要的生理意义。灌浆以后即进入成熟阶段,籽粒基本定重型,植株细胞分裂和生理活动逐渐减弱,这时主要是进入干燥脱水过程,但仍需一定的水分(占总需水量的 4% ~ 10%)来维持植株的生命,保证籽粒最终成熟。

(二)影响玉米需水量的因素

玉米需水量的多少,变化幅度很大,因为影响玉米需水量的因素是比较复杂的,常因品种、气候因素和生产条件的改变而影响着玉米棵间蒸发和叶面蒸腾,从而使需水量发生变化。

根据各种影响玉米需水量的因素来看,玉米需水量的变化,主要是内在和外在因素综合影响的结果。要以最低的需水量获得最高的产量,必须充分掌握玉米品种特性和在生育期间的环境条件变化的情况,针对一切有利于保蓄水分,运用一系列有效的农业技术措施,并结合灌溉排水来克服不利因素,以充分满足玉米整个生育期对水分的需要,尽量减少对水分的无益消耗,达到经济用水、合理用水、提高产量的目的。

二、玉米合理灌溉技术

玉米所需要的水分,在自然条件下主要是靠降水供给。但是,我国各玉米产区的降水量相差悬殊,南方和西南山地丘陵,一般年降水量多在1 000毫米以上,而且季节间分布比较均匀,对玉米生长发育有利;西北内陆玉米区降水量极少,降水较多的地区也仅有200毫米左右;黄淮海平原春、夏播玉米区,一般年降水量在500毫米以上,较多的年份能达到700~800毫米,但由于季节上分布不均匀,当玉米生育期间需水较多的时期,往往发生季节性干旱;东北、华北等玉米产区,年降水量为400~700毫米,基本上能满足玉米正常生长的需要。但出现季节性干旱时,玉米产量会受很大影响。因此,降水少或干旱不雨或雨季分布不均的地区,必须进行灌溉来弥补降水的不足,才能满足玉米生长发育对水分的需要。但是灌溉时还要讲求灌溉效益,以最少量的水取得生产上的最大效果。这就需要正确掌握玉米的灌溉技术,保证适时、适量地满足玉米不同生育阶段对水分的要求,达到经济用水,是提高玉米单产的重要手段。

(一)不同生育时期的灌溉作用

1. 玉米播种期灌水

玉米适期播,达到苗、苗全、苗壮,是实现高产稳产的第一关。玉米种子发芽和出苗最适宜的土壤水分,一般在土壤田间持水量的70%左右。根据实验,玉米播种时土壤田间持水量为40%时,出苗比较困难。所以,玉米播种前适量灌溉,创造适宜的土壤墒情,是玉米保全苗的重要措施。

北方春玉米区冬前耕翻整地后一般不进行灌溉,春季气候干旱,春玉米播种时则需要灌溉,做到足墒下种。

2. 玉米苗期灌水

玉米幼苗期的需水特点是:植株矮小,生长缓慢、叶面积小,蒸腾量不大,耗水量较少。据陕西省西北水利科学研究所试验,春玉米幼苗期生育天数占全生育期的30%,需水量占总耗水量的19%。这一阶段降水量与需水量基本持平,加上底墒完全可以满足幼苗对水分的要求。因此,苗期控制土壤墒情进行"蹲苗"抗旱锻炼,可以促进根系向纵深发展,扩大肥水的吸收范围,不但能使幼苗生长健壮,而且增强玉米生育中、后期植株的抗旱、抗倒伏能力。所以,苗期除了底墒不足而需要及时浇水外,在一般情况下,土壤水分以保持田间持水量的60%左右为宜。

3. 玉米拔节孕穗期灌水

玉米拔节以后雌穗开始分化,茎叶生长迅速,开始积累大量干物质,叶面蒸腾也在逐渐增大,要求有充足的水分和养分。这一时期应该使土壤田间持水量保持在70%以上,使玉米群体形成适宜的绿色叶面积,提高光合生产率,生产更多的干物质。据陕西省西北水利科学研究所试验,春玉米生长时间占全生育期的20%左右,需水量占总耗水量的25%左右。由于拔节孕穗期耗水量的增加,这个阶段的降水量往往不能满足玉米需水的要求,进行人工灌溉是解决需水矛盾、获得增产的重要措施。抽雄以前半个月左右,正是雌穗的小穗、小花分化时期,要求较多的水分,适时适量灌溉,可使茎叶生长茂盛,加速雌雄穗分化进程,如天气干旱出现了"卡脖旱",会使雄穗不能抽出或使雌、雄穗出现的时间间隔延长,不能正常授粉,这对于玉米产量会发生严重影响。

4. 玉米抽穗开花期灌水

玉米雄穗抽出后,茎叶增长即渐趋停止,进入开花、授粉、结实阶段。玉米抽穗开花期植株体内新陈代谢过程旺盛,对水分的反应极为敏感,加上气温高,空气干燥,使叶面积蒸腾和地面蒸发加大,需水达到最高峰。这一时期土壤田间持水量应保持在75%～80%。据陕西省西北水利科学研究所试验,春玉米抽穗开花期约占全生育期的10%,需水量却占总耗水量的31.6%,一昼夜每亩要耗水4立方米。如果这一时期土壤墒情不好,天气干旱,就会缩短花粉的寿命,推迟雌穗吐丝的时间,授粉受精条件恶化,不孕花数量增加,甚至造成"晒花",导致严重减产。农谚"干花不灌,减产一半",说明了这时灌水的重要性。据调查,花期灌水,一般增产幅度为11%～29%,平均增产12.5%。

5. 玉米成熟期灌水

玉米受精后,经过灌浆、乳熟、蜡熟达到完熟,从灌浆到乳熟末期仍是玉米需水的重要时期。这个时期干旱对产量的影响,仅次于抽雄期。因此,农民有"春旱不算旱,秋旱减一半"的谚语。这一时期田间持水量应该保持在75%左右。玉米从灌浆起,茎叶积累的营养物质主要通过水分作媒介向籽粒中输送,需要大量水分,才能保证营养运转的顺利进行。玉米进入蜡熟期以后,由于气温逐渐下降,日照时间缩短,地面蒸发减弱,植株逐渐衰老,耗水量也逐渐减少。据陕西省西北水利科学研究所试验,春玉米这阶段约占全生育期的30%,需水量仅占总耗水量的22%左右,一昼夜每亩耗水仅为2～3立方米。实践证明,这期间维持土壤水分在田间持水量的70%,可避免植株的过早衰老枯黄,以保证养分源源不断向籽粒输送,使籽粒充实饱满,增加千粒重,达到高产的目的。

(二)玉米不同生育时期的灌水量

玉米各个时期的灌水量(即阶段灌水量),应根据该时期土壤计划层深度和灌溉前土壤水分状况来确定。每次灌水量与灌前土壤贮水量之和,不能超过土壤计划层内持水量的范围。否则,土壤水分过多,会影响通气性,或在多余的水量渗透到地下,抬高地下水位,引起土壤次生盐渍化,对玉米生长不利。适宜的阶段灌水量可以用以下公式计算:

阶段灌水量(立方米) = [持水量(%) - 灌溉前土壤含水率(%)] × 土壤容重 × 土壤计划层深度(米) × 亩

(三)灌溉方式

随着科学技术的发展,20 世纪 90 年代以来各地大力推广节水灌溉技术,以取代长期以来沿用的耗水较多的淹灌法和漫灌法。节水灌溉方法主要有畦灌、沟灌、管灌、喷灌和渗灌等。

1. 畦灌

畦灌是高产玉米地区采用最多的一种灌溉方法。它是利用渠沟将灌溉水引入田间,水分借重力和毛细管作用浸润土壤,渗入耕层,供玉米根系吸收利用。在自流灌溉区畦长为 30 ~ 100 米,宽要与农机具作业相适应,多为 2 ~ 3 米。畦灌区适宜地面坡降在 0.001% ~ 0.003% 范围内。据试验,畦灌比漫灌(淹灌)节水 30% 左右;采用小畦灌溉比大畦灌溉又节约用水 10% 左右。

2. 沟灌

沟灌是在玉米行间开沟引水,通过毛细管作用浸润沟侧,渗至沟底土壤。沟灌适宜地面坡度为 0.003% ~ 0.008%。沟宽60 ~ 70 厘米,灌水沟长度 30 ~ 50 米,最多不超过 100 米。与畦灌相比,可以保持土壤结构,不形成土壤板结,减少田间蒸发,避免深层渗漏。

3. 管灌

管道灌溉是 20 世纪 90 年代大力推广的灌溉实用技术,主要用于井灌区。采用预制塑料软管在田间铺设暗管,将管子一端直接连在水泵的出水口,另一端延伸到玉米畦田远段,将灌溉水顺沟(垄)引入田间,减少畦灌的渠系渗漏。灌水时随时挪动管道的出水端头,边浇边退,适时适量灌溉,缩短灌水周期,有明显的节水、节能、节地的效果。

4. 喷灌

它是利用专门的压力设备,将灌溉水通过田间管道和喷头喷向空中,使水分散成雾状细小水珠,类似于降雨散落在玉米叶片和地表。其优点如下。

(1)节约用水。喷灌不产生深层渗漏和地表径流,灌水均匀,并可根据玉米需水情况,灵活调节喷水强度,提高水分利用率。据试验,喷灌比地面灌溉节约用水 30% ~ 50%,如果用在保水力差的砂质土壤,节约用水达 70% ~ 80%,喷灌比畦灌也减少用水量 30% 以上。

(2)省地保土。喷灌可以减少畦灌的地面沟渠设施,节约农地 10%;将化肥或农药溶于喷灌水滴,提高肥效和药效,还减轻劳动强度。喷灌可实现三无田(无埂、无渠、无沟),土地利用率可提高到 97%,节水 55% ~ 60%,提高肥料利用率 10% 以上。

(3)移动方便。采用可移动式喷灌系统,喷头为中压或低压,体积较小,一般轻型移动喷灌机组动力为 2.2 ~ 5.0 千瓦,每小时流量为 12 ~ 20 立方米,控制灌溉面积 2 ~ 3 公顷。

(4)提高产量。喷灌调节农田小气候,改善光照、温度、空气和土壤水分状况,为玉米创造良好的生态环境。

5. 渗灌

渗灌是迄今为止最节水的灌溉技术。它是在机械压力下,以橡塑共混渗水细管在田间移动,管壁上布满许多肉眼看不见的细小弯曲渗水微孔,在低压力(0.02 兆帕)条件下,水分通过微孔缓慢渗入植物根区,为作物吸水利用。它的优点是:节约水

源,提高水分利用效率,比沟灌节水 50% ~80% ,比喷灌节水
40% ;使用压力低,节约能耗,比畦灌节能 70% ~80% ,比喷灌
节能 60% ~83% ;减少蒸发,保温性能好,并降低植物生长过程
中空气湿度;可充分利用水分和养分,疏松土壤,有利于植物
生长。

三、防清排水

玉米是需水量比较大但不耐涝的作物。在土壤湿润度超过
田间持水量的80%时,对玉米生长发育产生不良影响。我国大
部分玉米产区,玉米生长期间都处在雨季,易形成田间积水而遭
受涝害:播种后淹水 2 ~4 天,出苗率将降低 50% ~70% ;三叶
期受涝,营养生长受到抑制,生育期延迟;拔节期受涝,穗行数和
粒数明显减少;小花分化期、乳熟期受涝,粒重降低。

我国因受季风气候的影响,玉米产区的降雨量多集中在
6 ~8 月。北方春玉米区,在低温多雨年份,玉米拔节至抽雄后
易受涝害,特别在低洼和排水不良地块更为严重。因此,采取有
效措施排水防涝对玉米增产有重要作用。

我国玉米产区采取的主要排水方法如下。

（一）畦作排水

南方雨水较多,地下水位高,畦作便于排水。要求畦平沟
直,腰沟深于畦沟,围沟深于腰沟,主沟深于围沟。达到"沟沟
相通,雨到随流,雨停水泄,田无积水"。

（二）高垄种植

春季地温低,秋季雨水集中,采取垄作既可以提高地温,保
墒保苗,又利于秋季排涝。特别在地下水位高、气候寒冷的北主
地区,是保证玉米丰收的一项有利措施。垄底宽 50 ~60 厘米,
高 12 ~16 厘米,垄沟宽 10 ~12 厘米。

（三）修筑堰下沟

丘陵地区土壤底部有岩石，土层薄，蓄水少，即使雨量不多，也会造成重力水的滞蓄，农民称为"渗山水"。堰下沟就是在受半边涝的梯田里堰，挖一条沟深低于活土层 16～32 厘米、宽 60～80 厘米的明沟，承受和排泄上层梯田下渗的水流，并结合排除地表径流，是解决山区梯田涝害的有效措施。

第五章 玉米病虫草害及其防治

第一节 病害及其防治

一、玉米粗缩病

玉米粗缩病也称玉米条纹矮缩病,俗称"万年青""君子兰""坐坡"等,是由灰飞虱传播的病毒性病害。玉米粗缩病危害超过其他任何一种玉米病害,严重影响玉米产量。病株率一般10%~20%,严重的达40%~50%,玉米粗缩病是我国北方玉米生产区流行的重要病害。

玉米整个生育期都可感染发病,以苗期受害最重,5~6片叶即可显症,初期在心叶基部及中脉两侧产生透明的油浸状褪绿虚线条点,逐渐扩及整个叶片。病苗浓绿,叶片僵直,宽短而厚,心叶不能正常展开,病株生长迟缓、矮化叶片背部叶脉上产生蜡白色隆起条纹,用手触摸有明显的粗糙感植株叶片宽短僵直,叶色浓绿,节间粗短,顶叶簇生状如君子兰。叶背、叶鞘及苞叶的叶脉上具有粗细不一的蜡白色条状突起,有明显的粗糙感。至9~10叶期,病株矮化现象更为明显,上部节间短缩粗肿,顶部叶片簇生,病株高度不到健株一半,多数不能抽穗结实,个别雄穗虽能抽出,但分枝极少,没有花粉。果穗畸型,花丝极少,植株严重矮化,雄穗退化,雌穗畸形,严重时不能结实。

玉米粗缩病是由玉米粗缩病毒(MRDV)引起的一种玉米病

毒病。MRDV 属于植物呼肠弧病毒组,是一种具双层衣壳的双链 RNA 球形病毒。病毒粒体球形,大小 60 ~ 70 纳米,存在于感病植株叶片的凸起部分细胞中。钝化温度 80℃,20℃可存活 37 天。

该病由玉米粗缩病病毒(MRDV)通过灰飞虱传播,在北方玉米区,粗缩病毒可在冬小麦上越冬,也可在多年生禾本科杂草及传毒介体灰飞虱体内越冬。凡被灰飞虱为害过的麦田及杂草丛生的作物间套种田,都是该病毒的有效毒源。

防治方法如下。

(1)选用抗病品种,提倡连片种植,尽量做到播种期基本一致。

(2)改善耕作制度,重病区减少麦田套种玉米的面积。

(3)冬春季和玉米播种前后清除田间地头杂草,消灭传毒介体灰飞虱的越冬和繁殖的场所。

(4)调整播期,使玉米苗期避开灰飞虱迁飞盛期。

(5)合理施肥浇水,增施有机肥和磷钾肥,促进玉米健壮生长,缩短苗期时间,减少传毒机会,增强抗耐病害的能力。播种前用呋喃丹等种衣剂包衣或拌种。

(6)玉米苗期喷施病毒抑制剂如 5% 菌毒清水剂 600 倍液或 20% 盐酸吗啉胍可湿性粉剂 800 倍液等,发现病株拔除深埋,并喷施赤霉素等制剂,促进玉米快速生长。

二、玉米茎腐病

玉米茎腐病,也叫茎基腐病、玉米青枯病,是指发生在玉米茎或茎基部腐烂,并导致全株迅速枯死症状的一类病害,现已查明它是由多种真菌和细菌单独或复合侵染引起的。

茎腐病一般从玉米灌浆期开始发生,乳熟至蜡熟期为显症盛期。病菌自根系侵入,在植株体内蔓延扩展。病茎地上部第

一、第二节间有纵向扩展的褐色不规则病斑,剖茎检查,其内部组织腐解,维管束游离呈丝状,茎秆变软易倒。多数病株初生根及次生根坏死,变成红色,须根减少。条件适宜时,病情发展迅速,地上部得不到水分,导致整株突然干死,叶片呈灰绿色,特别是雨后猛晴时,萎蔫和青枯更为明显。因此,该病也被称为青枯病。

玉米60厘米高时组织柔嫩易发病,害虫为害造成的伤口、暴风雨造成的伤口有利于病菌侵入。高温高湿、地势低洼或排水不良、密度过大、通风不良、偏施氮肥发病重。因此,暴雨过后常大量发生。

病菌可能在种子上或土壤中越冬,从气孔或伤口侵入。

防治方法如下。

(1)农业防治实行轮作,清洁田园,高畦生产,雨后及时排水。

(2)及时治虫防病苗期开始注意防治玉米螟、棉铃虫等害虫。

(3)田间发现病株后,及时拔除,携出田外沤肥或集中烧毁。

(4)配施氮、磷、钾肥,切忌偏施氮肥。

(5)用农克菌或25%叶枯灵(川化018)喷雾有预防效果。

(6)发病后马上喷洒72%农用硫酸链霉素3 000倍液或25%叶枯唑可湿性粉剂800倍液,隔7~10天喷1次,连续喷2~3次,防效较好。

三、玉米矮花叶病

玉米矮花叶病(本病也叫花叶条纹病)是四川省20世纪70年代后期以来,广为流行的一种新病害,以川中的平坝、浅丘区发病较重。玉米整个生长期中,均可受害。发病初期,首先在最幼嫩的叶片上表现不规则、浅绿或暗绿色的条点或斑块,形成斑驳花叶,并可发展成沿叶脉的狭窄条纹。生长后期,病叶变成黄绿色或紫红色而干枯。病株的矮化程度不一,早期感病矮化较重,后期感病矮化轻或不矮化。早期侵染能使玉米幼苗根茎腐烂而死苗。受害植株,雄穗不发达,分枝减少,甚至退化,果穗变小,秃顶严重,有的还不结实。

玉米整个生育期均可发病,苗期受害重,抽雄前为感病阶段。最初在心叶基部叶脉间出现许多椭圆形褪绿小点或斑纹,沿叶脉排列成断续的长短不一的条点,病情进一步发展,叶片上形成较宽的褪绿条纹,尤其新叶上明显,叶绿素减少,叶色变黄,组织变硬,质脆易折断,有的从叶尖、叶缘开始,出现紫红色条纹,最后干枯。一般第一片病叶失绿带沿叶缘由叶基向上发展成倒"八"字形,上部出现的病叶待叶片全部展开时,即整个成为花叶。病株黄弱瘦小,生长缓慢,株高不到健株一半,多数不能抽穗而早死,少数病株虽能抽穗,但穗小,籽粒少而秕瘦。病株根系发育弱,易腐烂。

防治措施如下。

①选用抗病品种。

②清除田间杂草,拔除感病弱苗,选用壮苗移栽,减少毒源。

③加强肥水管理,提高抗病能力。

④药剂治蚜防病,可用乐果乳剂 1 000 倍液,或用氧化乐果 1 200 ~ 1 500 倍液于麦蚜迁移盛期喷雾一二次,可杀死蚜虫介体,减轻为害。若与麦田防治蚜虫结合,效果更佳。

四、大斑病

症状:初侵染斑为水渍状斑点,成熟病斑长梭形,一般长度在 50 毫米以上。病斑主要有 3 种类型:①黄褐色,中央灰褐色,病斑较大,出现在感病品种上。气候潮湿时,病斑上可产生大量灰黑色霉层。②黄褐色或灰绿色,外围有明显的黄色褪绿圈,病斑较小。③紫红色,周围有黄色或淡褐色褪绿圈。

发生条件及规律:病原菌在病残体上越冬,翌年随气流、雨水传播到玉米上引起发病,条件适宜时,病斑很快又产生分生孢子,引起再侵染。气温在 18～27℃,湿度 90% 以上时易暴发流行。

防治方法及补救措施:①种植抗病品种是最好的防治方法。②重病田避免秸秆还田,或者和其他作物轮作。③发病初期,用 10% 世高、50% 扑海因或 70% 代森猛锌等杀菌剂喷雾,间隔 7～10 天,连续施药 2～3 次。

五、小斑病

症状:初侵染斑为水渍状半透明的小斑点,成熟病斑常见有 3 种类型:①病斑受叶脉限制,两端呈弧形或近长方形,病斑上有时出现轮纹,黄褐色或灰褐色,边缘深褐色,大小为(2～6)毫米×(3～22)毫米。②病斑较小,梭形或椭圆形,黄褐色或褐色,大小为(0.6～1.2)毫米×(0.6～1.7)毫米。③病斑为点状,黄褐色,边缘紫褐色或深褐色,周围有褪绿晕圈,此类型产生在抗性品种上。

发生条件及规律:病原菌在病残体上越冬,翌年随气流、雨水传播,条件适宜时,在 60～72 小时内可完成一个侵染循环,一个生长季节可有多次再侵染。气温在 26～32℃,田间湿度较高时,易造成病害流行。

防治方法及补救措施:①种植抗病品种是最好的防治方法。②重病田避免秸秆还田,或者和其他作物轮作。③发病初期,用 10% 世高、50% 扑海因或 70% 代森猛锌等杀菌剂喷雾,间隔 7～10 天,连续施药 2～3 次。

六、弯孢菌叶斑病

症状:初侵染病斑为褪绿小点,成熟病斑为圆形或椭圆形,中央有一黄白色或白色坏死区,边缘褐色,外围有褪绿晕圈,似"眼"状。有两种病斑类型,抗病斑多为褪绿点状斑,无中心坏死区,病斑不枯死,病斑较小;感病品种病斑较大,数个病斑相连,呈片状坏死,严重时整个叶片枯死。

发生条件及规律:病原菌在病残体上越冬,翌年随气流、风雨传播到玉米上,遇合适条件萌发侵入。病原菌可在 3~4 天完成一个侵染循环,一个生长季节可有多次再侵染。高温高湿条件下可在短时期内造成病害大面积流行。

防治方法及补救措施:①选用抗病品种。②健康生产提高植株抗病能力。③发病初期,用 10% 世高、50% 扑海因或 70% 代森猛锌等杀菌剂喷雾,间隔 7~10 天,连续施药 2~3 次。

七、灰斑病

症状:初侵染病斑为水渍状斑点,逐渐平行于叶脉扩展并受到叶脉限制,成熟病斑为灰褐色或黄褐色,多呈长方形,两端较平,这点是区别于其他叶斑病的主要特征。病斑连片常导致叶片枯死,田间湿度大时在病部可见灰色霉层。抗性斑多为点状,病斑周围有褐色边缘。

发生条件及规律:病原菌在病残体上越冬,翌年随风雨传播到玉米上侵入,一个生长季节可造成多次再侵染。发病的最佳温度为 25℃,最佳湿度为 100% 或者有水滴存在,因此,降雨量大、相对温度高、气温较低的环境条件有利于病害的发生和流行。

防治方法及补救措施:①最好的方法是种植抗病品种。②发病初期,可用 70% 甲基托布津、50% 退菌特、10% 世高等,

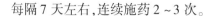

每隔7天左右,连续施药2～3次。

八、褐斑病

症状:初侵染病斑为水浸状褪绿小斑点,成熟病斑中间隆起,内为褐色粉末状休眠孢子堆。叶片上病斑连片并呈垂直于中脉的病斑区和健康组织相间分布的黄绿条带,这点是区别于其他叶斑病的主要特征。叶鞘、叶脉上的病斑较大,红褐色到紫色,常连片致维管束坏死,随后叶片由于养分无法传输而枯死。

发生条件及规律:病菌以孢子囊在土壤或病残中越冬,第2年病菌随气流或风雨传播到玉米植株上,遇到合适条件萌发释放出大量的游动孢子,侵入玉米幼嫩组织内引起发病。温度23～30℃、相对湿度85%以上、降雨较多的天气条件,有利于病害流行。

防治方法及补救措施:①种植抗病品种。②改进秸秆还田方法,变直接还田为深翻还田或者腐熟还田。③在玉米拔节前后用15%的粉锈宁可湿性粉剂1 000倍液、20%退菌特1 000倍液等喷雾也可部分降低田间发病率。

九、圆斑病

症状:病菌主要侵染叶片和果穗,也侵染叶鞘和苞叶。有两种病斑类型,一种是叶斑初期为水渍状、浅绿色或浅黄色小斑,逐渐扩大为圆形或椭圆形,病斑中央浅褐色,边缘褐色,略具同心轮纹,大小为(3～13)毫米×(3～5)毫米,另一种是叶斑为长条状,大小为(10～30)毫米×(1～3)毫米。果穗受侵染后,籽粒和穗轴变黑凹陷、籽粒干瘪而形成穗腐。

发生规律:圆斑病以菌丝体在田间散落或在秸秆垛中的果穗、叶片、叶鞘及苞叶上越冬,成为第2年田间发病的初侵染菌源。种子内部可带菌,成为远距离传播的重要途径。越冬后的圆斑病菌,在第 2 年 7 月中旬以后温湿度条件适宜时,在土壤中病株残体上或秸秆垛中越冬的菌丝体开始产生分生孢子,借风雨传播,侵染叶片和果穗,引起发病。病菌生长发育最适温度为 25~30℃。每年 7~8 月高温多雨、田间湿度大时,有利于病害发生和流行,降雨少、温度低的年份发病轻。此外,圆斑病的发生轻重与生产地势、茬口、土壤耕作状况、播期、土壤肥力、施肥时期、种类和数量等关系十分密切。地势低洼、重茬连作、施肥不足等则发病严重,适时晚播可错开高温多雨季节,则比早播发病轻。

防治方法及补救措施:①加强植物检疫,不从病区引种。②种植抗病品种。③在吐丝期用 50% 多菌灵、70% 代森猛锌或 25% 粉锈宁可湿性粉剂 500~600 倍液对果穗喷雾,连喷 2 次,间隔 7~10 天。

十、纹枯病

症状:发病初期在茎基部的叶鞘上形成水浸状暗绿色病斑,逐渐扩展成不规则或云纹状病斑。在高湿环境下,形成菌丝团和菌核;严重的可以导致穗腐,造成减产甚至绝收。

发生条件及规律:纹枯病以遗留在田间的菌核越冬,成为第 2 年的初侵染源。在适宜的温湿度条件下,菌核萌发长出菌丝在植株叶鞘上扩展,并从叶鞘缝隙进入叶鞘内侧,侵入寄主引起发病。在温暖条件下,湿度大连阴雨天有利于病害的发生与流行。品种间对纹枯病抗性存在明显差异。

防治方法及补救措施:①选用抗耐病品种。②重病田严禁秸秆还田。③发病初期可在茎基喷施 5% 井冈霉素或 40% 菌核净 1 000~1 500 倍液,间隔 7~10 天 1 次。

十一、鞘腐病

由多种病原菌单独或复合侵染引起的叶鞘腐烂病的总称。

症状:病斑可从任一部位的叶鞘发生,因病原菌的种类不同症状表现各异。初期多为水渍状斑点,逐渐扩展为圆形、椭圆形或不规则形病斑,干腐或湿腐,几个病斑常连片成不规则状大斑,叶片逐片干枯。病斑只发生在叶鞘上,叶鞘下茎秆正常。条件适宜时病部可见白色、灰黑色、粉红色、红色、紫色霉层。

虫害引起的鞘腐,外观常呈紫色、浅紫色,叶鞘内侧可见蚜虫等小型害虫为害。

发生条件及规律:病原菌在病残体、土壤或种子中越冬,来年随风雨、农具、种子、人畜等传播,遇合适条件侵染玉米发病。高温高湿有利于病害的流行。

防治方法及补救措施:发病初期在茎基喷农用链霉素、50%退菌特等,7~10天1次。

十二、丝黑穗病(俗称乌米)

症状:部分病株在苗期可表现症状,如分蘖、矮化、心叶扭曲、叶色浓绿、叶片出现黄白色纵向条纹等,大部分病株直到穗期才可见典型症状;病株果穗短粗,外观近球形,无花丝,内部充满黑粉,黑粉内有一些丝状的维管束组织,所以,称此病为丝黑穗病。有的果穗小花过度生长呈肉质根状,似"刺猬头"。雄穗全部或部分小花变为黑粉包或畸形生长。

发生条件及规律:玉米丝黑穗病是以土壤传播为主、苗期侵染的病害。病菌的厚垣孢子散落在土壤中,混入粪肥里或粘附在种子表面越冬,厚垣孢子在土壤中能存活3年左右。土壤带菌和抗侵染率极低,它是远距离传播的侵染源,玉米丝黑穗病发病轻重取决于品种的抗病性和土壤中菌源数量以及播种和出苗期环境因素的影响。不同的玉米品种对丝黑穗病的抗病性有明显的差异。高感品种连作时，土壤中菌量每年增长 5~10 倍。病菌侵染的最适时期是从种子萌发开始到一叶期。此时若遇到低温干旱，则延长了种子萌发到出苗的时间，加大丝黑穗病菌的侵染几率。

防治方法及补救措施：①选用抗耐病品种，品种间对本病的抗性有显著差异。②用含有三唑醇、腈菌唑、戊唑醇等成分的种衣剂如2%立克秀等进行种子处理。③在病瘤成熟破裂前拔除病株并销毁。

十三、瘤黑粉病

症状：在玉米植株的任何地上部位都可产生形状各异、大小不一的瘤状物，主要着生在茎秆和雌穗上。典型的瘤状物组织初为绿色或白色，肉质多汁。后逐渐变灰黑色，有时带紫红色，外表的薄膜破裂后，散出大量的黑色粉末（病菌冬孢子）。

发生条件及规律：在玉米生育期的各个阶段均可直接或通过伤口侵入。病菌以冬孢子在土壤中及病残体上越冬，翌年冬孢子或冬孢子萌发后形成的担孢子和次生担孢子随风雨、昆虫、农事操作等多种途径传播到玉米上，一个生长季节可有多次再侵染。温度在 26~34℃，虫害严重时有利于病害流行。

防治方法及补救措施：①种衣剂防治效果不明显，因此，种植抗病品种是最好的防治方法。②及时防治虫害，减少伤口。③及时消除病瘤，带出田间销毁。重病地深翻土壤或实行 2 年以上轮作。

十四、穗腐病

又称穗粒腐病，多种病原菌单独或复合侵染引起的果穗或籽粒霉烂的总称。

症状:果穗及籽粒均可受害,被害果穗顶部或中部变色,并出现粉红色、蓝绿色、黑灰色或暗褐色、黄褐色霉层,即病原菌的菌体、分生孢子梗和分生孢子。病粒无光泽,不饱满,质脆,内部空虚,常为交织的菌丝所充塞。果穗病部苞叶常被密集的菌丝贯穿,黏结在一起贴于果穗上不易剥离。

发生条件及规律:病原菌在种子、病残体上越冬,为初浸染病源。病菌主要从伤口侵入,分生孢子借风雨传播。温度在15～28℃,相对湿度在75%以上,有利于病菌的浸染和流行,高温多雨以及玉米虫害发生偏重的年份,穗腐和粒腐病也较重发生。温度、湿度和伤口是病害发生的主要因素,其他影响因素有:果穗的直立角度,苞叶的长短、松紧程度以及穗期害虫的种类和为害程度等。

防治方法及补救措施:①品种间抗性差异明显,种植抗病品种是首选。②实行轮作,清除并销毁病残体。适期播种,合理密植,合理施肥,促进早熟,注意虫害防治,减少伤口侵染的机会。③玉米成熟后及时采收,充分晒干后入仓贮存。④细菌性穗腐在发病初期用农用链霉素对果穗喷雾,有一定的防治效果。

十五、疯顶病

症状:系统侵染病害,苗期病株表现心叶黄化、扭曲、畸形或有黄白色条纹,过度分蘖等,严重时枯死。抽雄后典型症状为雌雄穗畸形;雄穗全部或者部分花序发育成变态叶,簇生,使整个雄穗呈刺头状,故称疯顶病;雌穗苞叶顶端变态为小叶并增生,雌穗分化为多个小穗,呈丛生状,小穗内部全部为苞叶,无花丝,无籽粒。病株矮化(上部叶片簇生状)或徒长(超正常高度的1/3),一般无穗。

发生条件及规律:以卵孢子或菌丝体在种子、土壤、病残体上越冬。翌年侵入玉米,引起发病。土壤湿度饱和24～48小时就可完成侵染,带病种子是远距离传播的主要载体。

防治方法及补救措施:①种植抗病品种。②加强检疫,不从疫区调种。③及时清除病株,带出田间集中销毁。④重病田轮作倒茬。⑤用35%瑞毒霉按种子量的0.3%或25%甲霜灵可湿性粉剂按种子重量的0.4%拌种。

十六、烂籽病

又称种子腐烂病,是由多种病原菌单独或复合侵染引起的一类病害的总称。

症状:种子在低于最适温度时萌发易受病菌侵染,导致种子腐烂和幼苗猝倒。主要表现为种子霉变不发芽,或种子发芽后腐烂不出苗,或根芽病变导致幼苗顶端扭曲叶片伸展不开。湿度大时,在病部可见各色霉层。

发生条件及规律:种子或土壤带菌是发病的主要原因。种子在收获前有穗粒腐病,或贮藏时的霉变,是种子带菌的主要原因。另外,种子成熟度差,发芽率低,种子遭虫蛀、机械操作或遗传性爆裂、丝裂病等都会加重该病的发生。土壤中存在致病菌是发病的另一主要诱因,主要致病菌的种类受气候、环境、土壤类型、土壤的温湿度、通气情况、种植模式、耕作方式等诸多因素的影响,土壤中虫害严重也会加重该病的发生。病害症状、发病规律及危害程度也随主要致病菌的不同而存在很大差异,病原菌直接或通过伤口侵入种子或芽,形成病斑,进一步引起种子或芽的腐烂。

防治技术:本病易防难治,种子包衣为最佳防治措施。根据土壤墒情适期播种,根据主要致病菌的不同,选择合适的药剂包衣或拌种。如满适金等对腐霉菌防治效果较好,满适金、咯菌腈、卫福200FF种衣剂、黑虫双全种衣剂等对镰孢菌防治效果较好,地下害虫严重的地块,要选择帅苗种衣剂,或含丁硫克百威、

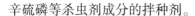

辛硫磷等杀虫剂成分的拌种剂。

十七、苗期根腐病（苗枯病）

症状：在玉米 3～6 叶期发病。一般株型矮小；下部叶片黄化或枯死，或植株茎叶呈灰绿色或黄色失水干枯，或叶鞘上可见云纹状斑块并引起叶枯；根或茎基部组织上有水渍状或黄褐色到紫色病斑，或腐烂，或缢缩。轻者可在滋生水根后症状减轻，但是，长势明显减弱，后期影响产量，或发展成茎腐病；重者死亡干枯，造成缺苗断垄。

发生条件及规律：引起苗枯病的各种病原菌在土壤和种子上越冬。由于是弱寄生菌，可长期在土壤中存活，玉米播种后，土壤或种子上的病菌开始侵染种子根、次生根、中胚轴甚至茎基部，引起地上部幼苗发病，枯死。品种间抗病性存在差异；使用陈旧种子，春季长期低温多雨，土壤黏重或板结，整地质量差，偏施氮肥而缺少磷钾肥的田块发病严重。

防治方法：本病以预防为主，播种前采用咯菌腈悬浮种衣剂或满适金种衣剂包衣效果较好；发病后加强生产管理，喷施叶面肥；湿度大的地块中耕散湿，促进根系生长发育；严重地块可选用 72% 代森猛锌霜脲氰可湿性粉 600 倍液，或用 58% 代森猛锌甲霜灵可湿性粉剂 500 倍液喷施玉米苗基部或灌施根部。

十八、顶腐病

症状：是近几年新发生的一种病害，多数发病植株上部，使叶片失绿、畸形，叶片边缘产生黄化条纹或叶尖枯死，有的植株心叶基部卷曲腐烂。品种的抗性不同，症状表现不一样。

发生条件及规律：病原菌在种子、病残体、土壤中越冬，翌年从植株的气孔、水孔或伤口侵入。高温高湿有利于病害流行，害虫或其他原因造成的伤口有利于病菌侵入。多出现在雨后或田间灌溉后,低洼或排水不畅的地块发病较重。

防治方法及补救措施:①种植抗病品种。②重病田轮作倒茬。③做好害虫的防治工作,避免造成伤口被细菌侵染。④用满适金包衣或拌种。⑤在发病初期可用50%多菌灵可湿性粉剂、80%代森锰锌可湿性粉剂、菌毒清、农用链霉素等药剂对水灌心。

十九、茎腐病

又称玉米茎基腐病、青枯病,是成株期茎基腐烂病的总称。

症状:品种的抗病性不同,其症状显示时期不同。一般品种的显症期在乳熟期。症状表现分两种类型,病程发展较快,植株迅速失水呈青枯状,茎基部第二节萎缩变软,果穗下垂。病程发展较慢,植株由下而上叶片逐渐枯死呈黄枯状,茎基部第二节萎缩变软,果穗下垂。受害株果穗籽粒松瘪,茎基部第二节髓部中空,后期易倒伏。扒开髓部或拔出根部可见白色絮状物和粉红色霉状物。

发生条件及规律:玉米茎腐病病原菌在病残体和土壤中越冬,成为第2年的侵染源。玉米茎腐病侵染期较长,苗期开始从根部潜伏侵染,成株期从根部直接或从伤口陆续侵染。发病程度与品种的抗病性、气候、土壤因素以及生产管理有关。感病品种发病早、发病重。玉米散粉期至乳熟期降雨多、湿度大发病重。植株生长后期脱肥发病重。早播、连作发病重。

防治方法及补救措施:由于该病为全生育期侵入且后期发病的病害,所以,单纯的杀菌剂种子包衣或者拌种,效果均不理想。①目前,种植抗病品种是防治的主要方法。②防治地下害虫,减少伤口。③选择生物型种衣剂 ZSB 有一定的防治效果,用满适金种衣剂包衣也可降低部分发病率。④重病田避免秸秆还田,也可轮作倒茬。

第二节　虫害及其防治

一、地老虎

形态特征:小地老虎幼虫体长 37～47 毫米,暗褐色,表皮粗糙,密生大小不同的颗粒,腹部第一至第八节背面,每节有 4 个毛瘤,前两个显著小于后两个,体末端臀板为黄褐色,上有黑褐色纵带两条。黄地老虎幼虫体长 33～45 毫米,头部黑褐色,有不规则深褐色网纹,体表多皱纹,臀板有两大黄褐色斑纹,中央断开,有较多分散的小黑点。大地老虎幼虫体长 41～61 毫米,体黄褐色,体表多皱纹,微小颗粒不显,腹部第 1～8 节背面有 4 个毛片,前两个和后两个大小几乎相同。臀板为深褐色的一整块密布龟裂状的皱纹板。

为害状:叶片被咬成小孔、缺刻状;可为害生长点或从根茎处蛀入嫩茎中取食,造成萎蔫苗和空心苗;大龄幼虫常把幼苗齐地咬断,并拉入洞穴取食,严重时形成缺苗断垄。幼虫有转株为害习性。

发生规律:大地老虎 1 年发生 1 代,小地老虎和黄地老虎一年发生 2～7 代,以老熟幼虫或蛹越冬。成虫昼伏夜出,卵多散产在贴近地面的叶背面或嫩茎上,也可直接产于土表及残枝上。

防治方法及补救措施:①药剂拌种。用 50% 辛硫磷乳油拌种,用药量为种子重量的 0.2%～0.3%;用好年冬颗粒剂播种时沟施。②用 48% 乐斯本或 40% 辛硫磷 1 000 倍液灌根或傍晚茎叶喷雾。③毒土、毒饵诱杀。用 50% 辛硫磷乳油每亩 50 克,拌炒过的麦麸 5 千克,傍晚撒在作物行间。④捕捉幼虫。清晨拨开萎蔫苗、枯心苗周围泥土,挖出地老虎的大龄幼虫。⑤诱杀成虫。利用黑光灯、糖醋液诱杀成虫。

二、蝼蛄

为害东北地区玉米的主要是东方蝼蛄。

形态特征:东方蝼蛄成虫体长 31～35 毫米,体色灰褐至暗褐,触角短于体长,前足发达,腿节片状,胫节三角形,端部有数个大型齿,便于掘土。

为害状:直接取食萌动的种子,或咬断幼苗的根茎,咬断处呈乱麻状,造成植株萎蔫。蝼蛄常在地表土层穿行,形成的隧道,使幼苗和土壤分离,失水干枯而死。

发生规律:1～2 年完成 1 代,以成虫和若虫在土中越冬。翌年 3 月上升至表土取食,以 21～23 时活动最猖獗。

防治方法及补救措施:①药剂拌种。用 50% 辛硫磷乳油拌种,用药量为种子重量的 0.2%～0.3%;用好年冬颗粒剂播种时沟施。②毒饵诱杀。用 50% 辛硫磷 30～50 倍液加炒香的麦麸、米糠或磨碎的豆饼,每亩用毒饵 1.5～3 千克,傍晚时撒于田间。③灯光诱杀。设黑光灯诱杀。

三、蛴螬

形态特征:体型弯曲呈"C"形,白色至黄白色。头部黄褐色至红褐色,上颚显著,头部前顶每侧生有左右对称的刚毛。具胸足 3 对。

为害状:取食萌发的种子或细菌根茎,常导致地上部萎蔫死亡。害虫造成的伤口有利病原菌侵入,诱发病害。

发生规律:1 年或多年 1 代,因种而异。以幼虫或成虫在土中越冬,翌年气温升高开始出土活动。幼虫从卵孵化后到化蛹羽化均在土中完成,喜松软湿润的土壤。

防治方法及补救措施:①药剂处理种子。用 40% 辛硫磷乳油或 48% 毒死蜱乳油拌种。②用 15% 毒死蜱乳油 200～300 毫升对水灌根处理。③毒饵诱杀。④实行水旱轮作。

四、金针虫

形态特征:老熟幼虫体长 20~30 毫米,细长圆筒形,体表坚硬而光滑,淡黄色至深褐色,头部扁平,口器深褐色。

为害状:取食种子、嫩芽使其不能发芽;可钻蛀在根茎内取食,有褐色蛀孔,被害株的主根很少被咬断,被害部位不整齐,呈丝状。

发生规律:一般 2~5 年完成一代,因种和地域而异。幼虫耐低温而不耐高温,以幼虫或成虫在地下越冬或越夏,每年 4~6 月和 10~11 月在土壤表层活动取食为害。

防治方法及补救措施:①药剂防治。用 40% 辛硫磷乳油或 48% 毒死蜱乳油拌种,也可亩用 5% 辛硫磷颗粒 1.5 千克拌入化肥中,随播种施入地下。②发生严重时可浇水迫使害虫垂直移动到土壤深层,减轻为害。③翻耕土壤,减少土壤中幼虫存活数量。

五、玉米旋心虫

形态特征:成虫体长 5~7 毫米,头黑褐色,触角丝状,11节。鞘翅翠绿色,足黄褐色。老熟幼虫体长 10~12 毫米,体黄色至黄褐,头部深褐色,11 节,各节体背排列着黑褐色斑点,尾片黑褐色。蛹为裸蛹,黄色,长 4~5 毫米。

为害状:幼虫从近地面的茎基部钻入。被害株心叶产生纵向黄色条纹或生长点受害形成枯心苗;植株矮化畸形分蘖增多。被害部有明显的虫孔或虫伤,常可见旋心虫幼虫。

发生规律:1 年 1 代,以卵在土中越冬,翌年 6 月下旬幼虫开始为害,7 月上中旬进入为害盛期。

防治方法及补救措施:①用含吡虫啉、锐劲特或丁硫克百威成分的种衣剂包衣。②用 15% 毒死蜱乳油 500 倍液灌根处理。③撒施毒土。每亩用 25% 西维因可湿性粉剂 1~1.5 千克,拌细土 20 千克,顺垄撒施。④虫害严重的地块,可实行轮作。

六、蚜虫

形态特征:分有翅孤雌蚜和无翅孤雌蚜 2 型。体长 1.6~2 毫米。触角 4~6 节,表皮光滑、有纹。有翅蚜触角通常 6 节,前翅中脉分为 2~3 支,后翅常有肘脉 2 支。

为害状:群集于叶片背面、心叶、花丝和雄穗取食。能分泌"蜜露"并常在被害部位形成黑色霉状物,发生在雄穗上常影响授粉导致减产。此外蚜虫还能传播玉米矮花叶病毒和红叶病毒,导致病毒病造成更大损失。

发生规律:玉米蚜虫一年 10~20 代。主要以成虫在禾本科杂草的心叶里越冬。翌年产生有翅蚜,迁至玉米心叶内为害。雄穗抽出后,转移到雄穗上为害。

防治方法及补救措施:①喷洒 40% 乐果乳油或 10% 吡虫啉可湿性粉剂 1 000 倍或 50% 抗蚜威 2 000 倍液等。②清除田间地头杂草。

七、玉米红蜘蛛

红蜘蛛学名玉米叶螨,又名棉红蜘蛛,俗称大蜘蛛、大龙、砂龙等。

形态特征:雌螨体长 0.28~0.59 毫米。体椭圆形,多为深红色至紫红色。

为害状:聚集在叶背取食,从下部叶片向中上部叶片蔓延。被害部初为针尖大小黄白斑点,可连片成失绿斑块,叶片变黄白色或红褐色,严重时枯死,造成减产。

发生规律:一年发生多代,以雌成螨在杂草根下的土缝、树皮等处越冬。翌年 5 月下旬转移到玉米田局部为害,7 月中旬至 8 月中旬形成危害高峰期。叶螨在株间通过吐丝垂水平扩散,在田间呈点片分布。

防治方法及补救措施:①用含内吸性杀虫剂成分的种衣剂包衣。②用 20% 扫螨净 2 000 倍液、41% 金霸螨 3 000～4 000 倍液、5% 尼索朗 2 000 倍液喷雾,重点防治玉米中下部叶片的背面。

八、玉米螟

形态特征:老熟幼虫体长 20～30 毫米,背部黄白色至淡红褐色,一般不带黑点,头和前胸背板深褐色。背线明显,两侧有较模糊的暗褐色亚背线。腹部 1～8 节,背面各有两排毛瘤,前排 4 个较大,后排 2 个较小。

为害状:在玉米心叶期,初孵幼虫大多爬入心叶内,群聚取食心叶叶肉,留下白色薄膜状表皮,呈花叶状;2 龄、3 龄幼虫在心叶内潜藏为害,心叶展开后,出现整齐的排孔;4 龄后陆续蛀入茎秆中继续为害。蛀孔口堆有大量粪屑,茎秆遇风易从蛀孔处折断。由于茎秆组织遭受破坏,影响养分输送,玉米易早衰,严重雌穗发育不良,籽粒不饱满。初孵幼虫可吐丝下垂,随风飘移扩散到邻近植株上。

发生规律:1 年 1～7 代,以老熟幼虫在寄主茎秆、穗轴和根茬内越冬,翌年春天化蛹,成虫飞翔力强,具趋光性。成虫产卵对植株的生育期、长势和部位均有一定的选择性,成虫多将卵产在玉米叶背中脉附近。为块状。

防治方法及补救措施:①在心叶内撒施辛硫磷、功夫、杀虫双、毒死蜱等化学农药颗粒剂。②使用 Bt、白僵菌等生物制剂心叶内撒施或喷雾。③在玉米螟卵期,释放赤眼蜂 2～3 次,每亩释放 1 万～2 万头。④玉米秸秆粉碎还田,杀死秸秆内越冬幼虫,降低越冬虫源基数。⑤利用性诱剂迷向或高压汞灯诱杀越冬代成虫。

九、黏虫

形态特征:老熟幼虫长 36～40 毫米,体色黄褐色至墨绿色。头部红褐色,头盖有网纹,额扁,头部有棕黑色"八"字纹。背中线白色较细,两边为黑细线,亚背线红褐色。

为害状:3 龄后咬食叶片成缺刻状,5～6 龄达暴食期,很快将幼苗吃光,或将成株叶片吃光只剩叶脉,造成严重减产,甚至绝收。

发生规律:1 年 2～8 代,为迁飞性害虫,在北纬 33°以北地区不能越冬,长江以南以幼虫和蛹在稻茬、杂草、麦田表土下等处越冬。翌年春天羽化,迁飞至北方为害,成虫有趋光性和趋化性。幼虫畏光,白天潜伏在心叶或土缝中,傍晚爬到植株上为害,幼虫常成群迁移到附近地块为害。

防治方法及补救措施:①在早晨或傍晚喷辛硫磷、高效氯氰菊酯、毒死蜱、定虫脒等杀虫剂 1 500～2 000 倍液喷雾防治。②利用糖醋液、黑光灯或杨树枝把等诱杀成虫。

十、蝗虫

形态特征:蝗虫体色据环境而变化,多为草绿色或枯草色。有一对带齿的发达大颚和坚硬的前胸背板,前胸背板像马鞍状。若虫和成虫善跳跃,成虫善飞翔。

为害状:成虫及幼虫均能以其发达的咀嚼式口器嚼食植物的茎、叶,被害部呈缺刻状。为害速度快,大量发生时可吃成光秆。

发生规律:1 年 1～4 代,因地而异。以卵在土中越冬。多数地区 1 年能够发生夏蝗和秋蝗两代,夏蝗 5 月中下旬孵化,秋蝗 7 月中下旬至 8 月上旬孵化。土壤干湿交替,有利于越冬蝗卵的孵化。

防治方法及补救措施:①大地块虫量用20%的杀灭菊酯乳油2 000倍液、50%马拉硫磷乳油1 000倍液、25%杀螟松500～800倍液喷雾。②人工捕捉。

第三节 草害及其防治技术

杂草是影响玉米生产的主要有害生物之一。它们与作物争光、争水、争肥,造成玉米的直接减产;同时杂草又是许多病虫的寄生或越冬场所,助长了病虫害的发生而间接引起玉米减产。因此,防治草害是确保玉米高产稳产的重要环节。

一、玉米田杂草的种类

玉米田杂草有70多种,危害严重的有稗草、狗尾草、马唐、牛筋草、芦苇、看麦娘、藜、反枝苋、酸模叶蓼、马齿苋、铁苋菜、苣荬菜、苍耳、龙葵、问荆等。其中,一年生杂草占发生量的85%,多年生杂草占15%。

二、玉米田杂草的发生规律

从4月下旬至9月上旬各种杂草均可发生。多年生杂草4月下旬开始发生;一年生杂草5月初至9月上旬均可发生。杂草第1次高峰期在5月底至6月上旬,杂草数量多,约占70%;地面裸露多,杂草生长快,对玉米危害大,如不及时防治,将严重影响产量。杂草第2次高峰期为6月下旬至7月上旬,约占发生量的30%,由于玉米的遮盖,杂草生长较慢,对玉米产量不构成威胁。

三、玉米田杂草的综合防治

玉米田杂草种类多,群落演替加快,单一化学除草导致多年生的恶性杂草比例增加,因此,必须采取综合防治的措施才能彻底解决草害问题。

1. 检疫措施

在引种或调运种子时,严格杂草检疫制度,防止检疫性杂草如豚草、假高粱等的输入或扩大蔓延。

2. 农业措施

是减少草害的重要措施。实行秋翻春耕,破坏杂草种子和营养器官的越冬环境或机械杀伤,以减少其来源;高温堆肥,有机肥要充分腐熟(如 50~70℃堆沤 2~3 周),以杀死其内的杂草种子;有条件的地方实行水旱轮作,可有效地控制马唐、狗尾草、山苦菜、问荆等旱生杂草,在禾本科杂草发生严重的田块,也可采取玉米与大豆等双子叶作物轮作,在大豆生育期喷洒杀禾本科杂草的除草剂,待其得到控制后,再种植玉米;合理施肥、适度密植,促进玉米植株在竞争中占据优势地位,也是减少草害的重要措施。

3. 中耕除草

提倡中耕除草,以改善土壤通透性,同时减轻草害,尤其是第二次杂草高峰期,及时铲除田间杂草,对改善田间小气候,阻断病虫害的传播有重要意义。

4. 物理除草

利用深色地膜覆盖,使杂草无法光合作用而死亡。

5. 化学除草

玉米田化学除草主要在播种后出苗前和苗期两个时期施药

防治。

（1）苗前封闭。在玉米播种覆土后，均匀喷洒除草剂以防治芽期的杂草，是目前玉米田化学除草的主要方法。

常用玉米苗前除草剂使用及其注意事项。

①酰胺类。如甲草胺、乙草胺、异丙甲草胺、异丙草胺、丙草胺、丁草胺等，防治一年生禾本科杂草及部分阔叶杂草，必须在杂草出土前施药，喷施药剂前后，土壤宜保持湿润。温度偏高或沙质土壤用药量宜低，气温较低或黏质土壤用药量可适当偏高。

药害表现：玉米植株矮化；有的种子不能出土，幼芽生长受抑制，茎叶卷缩、叶片变形，心叶卷曲不能伸展，有时呈鞭状，其余叶片皱缩，根茎变褐，须根减少，生长缓慢。

挽救措施：喷施赤霉素溶液可缓解药害；人工剥离心叶展开。

②苯甲酸类。如麦草畏等，防治阔叶杂草，在使用时药液不能与种子接触，以免发生伤苗现象。有机质含量低的土壤易产生药害。

药害表现：使用过量时，玉米初生根增多，生长受抑制，叶变窄、扭卷，叶尖、叶缘枯干，茎秆变脆易折。

挽救措施：适当增加锄地的深度和次数，增强玉米根系对水分和养分的吸收，喷施植物生长调节剂如赤霉素、芸薹素内酯等或叶面肥，减轻药害。

③三氮苯类。如莠去津、西草净、莠灭净、西玛津、扑草净、嗪草酮等，防治部分禾本科杂草及阔叶杂草，施用时在有机质含量低的沙质土壤容易产生药害，不宜使用；部分药效残效期长，对后茬敏感作物有不良影响。

药害表现：玉米从心叶开始，叶片从尖端及边缘开始叶脉间褪绿变黄，后变褐枯死，植株生长受到抑制并逐渐枯萎。

挽救措施：随着植株生长可转绿，恢复正常生长，严重时喷叶面肥或植物生长调节剂赤霉素、芸薹素内酯等减轻药害。

④有机磷类。如草甘膦、草甘膦异丙胺盐、草甘膦铵盐等,防治田间地头已出杂草,要在无风天气下喷施,切忌污染周围作物;在喷雾器上加戴保护罩定向喷雾,尽可能减少雾滴接触叶片;施药4小时后遇雨应重喷。

药害表现:着药叶片先水渍状,叶尖、叶缘黄枯,后逐渐干枯,整个植株呈现脱水状,叶片向内卷曲,生长受到严重抑制。

遇土钝化,苗前使用对玉米无害。

⑤取代脲类。如绿麦隆、利谷隆等,防治一年生杂草,施药时应保持土壤湿润,对有机质含量过高或过低的土壤不宜使用,残效时间长,对后茬敏感作物有影响。

药害表现:植株矮小,叶片褪绿,心叶从尖开始,发黄枯死。

挽救措施:根外追施尿素和磷酸二氢钾,增强玉米生长活力。

⑥联吡啶。如百草枯,防治对象是田间地头已出土杂草,在施药时要注意切忌污染其他作物。在无风天气下喷施,配药、喷药时要有保护措施。

药害表现:着药叶片产生白色枯斑,斑点大小、疏密程度不一,未着药叶片正常。施药时苗较小或施药量过大会造成死苗、减产。遇土钝化,苗前使用对玉米无药害。

⑦二硝基苯胺。如二甲戊乐灵、氟乐灵等,防治对象是杂草,二甲戊乐灵在施药后遇低温、高温天气,或施药量过高,易产生药害,土壤沙性重,有机质含量低的田块不宜使用。玉米对氟乐灵较敏感,土壤残留或误施可能造成药害。

药害表现:茎叶卷缩、畸形,叶片变短、变宽、褪绿,生长受到抑制。须根变得又短又粗,没有次生根或者次生根稀疏,根尖膨大呈棒状。

挽救措施:加强田间管理,增强玉米根系对水分和养分的吸收;喷施叶面肥或植物生长调节剂如赤霉素、芸薹内酯等,减轻药害。

（2）苗期喷雾。在玉米3~5叶期、杂草2~4叶期喷洒除草剂防治杂草。可选用广谱性的莠去津、砜嘧磺隆、甲酰氨磺隆等;防禾本科杂草的玉农乐;防阔叶草的2,4-D丁酯、2甲4氯钠盐、百草敌、阔叶散等;或两类药剂混用,如玉米乐加莠去津等。

常用玉米苗后除草剂使用及其注意事项。

①苯氧羧酸类。2,4-D丁酯、2甲4氯钠、2甲4氯、2甲4氯钠盐、2,4-D异辛酯、2,4-D二甲胺盐等。

药害表现:叶色浓绿,严重时叶片变黄,干枯;茎扭曲,叶片变窄,有时皱缩,心叶卷曲呈"葱管"状;茎秆脆、易折断,茎基部鹅头状,支撑根短而融合,易倒伏。

使用注意事项:无风情况下施药,使用时尽量避开大豆、瓜类等敏感作物。2,4-D丁酯不宜与其他农药混用。2,4-D异辛酯不能与碱性农药混合使用,以免降低药效。

在沙壤土、沙土等轻质土壤以及施药后降雨量较大的情况下,药剂被雨水淋溶至玉米种子所在的土层中,种子或胚芽直接与药剂接触,也易导致药害。

②磺酰脲类。烟嘧磺隆、噻吩磺隆、砜嘧磺隆等。

药害表现:心叶褪绿、变黄、黄白色或紫红色,或叶片出现不规则的褪绿斑;或叶缘皱缩,心叶不能正常抽出和展开;或植株矮化,丛生。

土壤中残留造成的药害症状多为玉米3~4叶期呈现紫红色和紫色。

使用注意事项:咽嘧磺隆在玉米3~5叶期,噻吩磺隆、砜嘧磺隆在玉米4叶期前施药为安全期;遇高温干旱、低温多雨、连续暴雨积水易产生药害。施药前后7天内,尽量避免使用有机磷农药。

玉米对氯密磺隆、苯磺隆、氯磺隆敏感,避免在这些除草剂残留地块中播种。

③三氮苯类。莠去津、氰草津、扑草净等。

药害表现:从叶片尖端及边缘开始叶脉间失绿变黄,后变褐枯死,心叶扭曲,生长受到抑制。

使用注意事项:莠去津持效期长,勿盲目增加药量,以免对后茬敏感作物产生药害。氰草津在土壤有机质含量低、沙质土或盐碱地易出现药害,玉米4叶期后使用易产生药害。

④杂环化合物类。甲基磺草酮、嗪草酸甲酯等。

药害表现:甲基磺草酮,叶片局部白化现象;嗪草酸甲酯,玉米叶尖发黄,叶片出现灼伤斑点。

使用注意事项:正常药量下对玉米安全;施药后1小时降雨,不必重喷;低温影响防治效果;甜玉米和爆裂玉米不宜使用。

⑤三酮类。磺草酮等。

药害表现:叶片叶脉一侧或两侧出现黄化条斑,严重时呈白化条斑。

使用注意事项:玉米2~3叶期施药,禾本科杂草3叶后对该药抵抗力增强;无风天气下施用;玉米、大豆套种田不宜使用。

⑥联吡啶类。百草枯等。

药害表现:着药叶片先迅速产生水渍状灰绿色斑、产生枯斑,斑点大小、疏密程度不一,边缘常黄褐色,未着药叶片正常。受害严重时,叶片枯萎下垂,植株枯死。

使用注意事项:灭生性除草剂,施药时切忌污染作物;无风天气下喷施,喷药时要有防护措施,戴口罩、手套、穿工作服。

⑦腈尖。溴苯腈、辛酰溴苯腈等。

药害表现:溴苯腈,着药叶片出现明显的枯死斑,新出叶片无药害现象;辛酰溴苯腈,用药后玉米叶有水渍状斑点,之后斑点发黄,有明显的灼烧状,但不扩展。

使用注意事项:3~8 叶期施药,勿在高温天气用药,施药后需 6 小时内无雨;不宜与碱性农药混用,不能与肥料混用,也不能添加助剂。不可直接喷在玉米苗上。

在玉米田化学除草时,要根据当地杂草种类,兼顾除草剂特性与价格,选择适宜的除草剂品种,并注意轮换或交替使用,以防止抗性杂草群落的形成;根据环境条件及杂草密度,选用适宜的除草剂用量,如春季低温、降雨量大、杂草密度低等要减少用量,反之要增加用量;为扩大杀草谱、延缓抗药性产生,提倡与除草剂混用。

第四节　玉米化控技术

玉米化控是现代玉米高产的关键性技术之一,能有效降低植株高度,促使植株稳健生长,防止倒伏,控制徒长,增加体内叶绿素浓度使叶片浓绿,增加气生根层数和根系条数,提高抗倒抗旱能力,而且增加穗粒数、减少秃尖、增加粒重,一般增加产量幅度可达 10%～30% 甚至更多,同时还能增加籽粒饱满度,提高商品性能和品质质量。

一、正确选择效果好、适应性强的化控药剂

目前,市场销售的各种化控药剂 50 多种甚至更多,实际应用时一定要正确选择化控药剂,选用原则是坚持先小面积示范观察效果,再大面积推广应用。现将我们近年试验筛选的化控药物,依据增产效果、控制高度适宜程度、减少单株叶面积程度、市场销售价格、药效毒理等综合排序后简介如下。

（一）玉黄金

该产品由福建浩伦生物工程技术有限公司与中国农业大学

作物化控中心共同研制开发的国家 863 计划项目,其科研成果达到国际先进水平,并通过农业部科技成果鉴定,对人、畜、环境是高度安全的最新玉米专用型化控高科技产品。

功效特点:产品高活性因子能快速有效地调节调控玉米生长,合成机能。显著提高根系活力,增加根层数,降低穗位高度,具有明显的抗倒伏作用。并能显著增加穗粒数、穗长度和双穗数,有效解决玉米秃尖、小穗和空秆难题,提高产量和品质。增强抗病、抗旱、抗涝、抗逆性。同时,可提早成熟,降低含水量,有利贮藏、加工。一般亩增产在 20% 以上。

使用方法:在玉米拔节期 5 ~ 10 片叶(玉米高度在 0.5 ~ 1 米)使用最佳,10 叶以上喷施仍有明显效果。每亩用本品 2 支,对水 30 千克(2 喷雾器水)叶面喷施 1 次即可。如 2 支打一喷雾器也可,但需喷匀,不得重喷和漏喷。

(二)玉米缩节短

由北京亚农金田生物科技有限公司生产,是新型高效玉米专用缩节、抗倒、增产剂。

产品作用及特点:①它是玉米专用促控剂,含量高、活性强、分散性好、渗透性强,可经叶片进入植株体内及根部,易吸收、见效快、效果好。②喷施后玉米根系庞大,根长根密,气生根增加 2 ~ 3 层,固土有力,吸收养分能力增强。③缩短玉米秸秆节间长度,增加植株粗度、强度和韧性,使玉米株高降低 30 ~ 50 厘米,穗位高度降低 15 ~ 20 厘米,起到矮壮植株、防止倒伏的效果。④提高光合作用和透光率,促进有机质合成,提高玉米抗旱、抗涝、抗病能力,达到叶片浓绿宽厚、植株健壮、穗大穗长、籽粒饱满、无秃尖、提高商品等级,大幅提高产量 20% 以上。

使用方法:玉米 6 ~ 11 片叶时,用 10 毫升对水 15 千克,叶面喷施即可。

注意事项:①不能与碱性农药混用;②阴天或晴天 17 时后

喷洒,喷后 6 小时内遇雨应补喷。

（三）恐高

由张家口长城农化（集团）有限公司生产,本品为植物生长调节剂,能控制植物旺长,有效降低植株高度,使株型紧凑,改善通风透光条件,减轻病虫害,防止倒伏,提高产量,改善品质。

使用方法:玉米 9 ~ 14 片叶时,每亩用 10 ~ 20 克,对水 15千克,叶面喷施即可,9 片叶以前适当降低用药量。

注意事项:①合理密植是增产的基础,使用该品要比常规密度提高 1 000 ~ 1 500 株/亩。②不能与碱性农药混用。③喷雾要均匀,不可随意加大用量。④该品为强酸性,能腐蚀金属、皮肤及衣物,使用和贮藏时应注意。⑤该品在肥水条件好的地块使用增产效果显著,若天气干旱、肥水不足应降低使用浓度。⑥阴天或晴天 17 时后喷洒,喷后 6 小时内遇雨应补喷。⑦如皮肤和眼睛接触药液,应及时用大量水冲洗,必要时就医。

（四）盼盼孕穗保

由沙隆达郑州农药有限公司生产,本品为高效生长调节剂,结合浇水施肥等综合管理措施效果更佳。①缩短茎节间长度,茎秆粗壮硬度高,矮化株高 30 ~ 50 厘米,穗位下降 20 ~ 30 厘米。②加速光合产物的合成和干物质的积累,促进穗粗穗长,籽粒饱满,减少秃尖,增加双穗率,增产可达 20% 以上。③消除大小弱苗,使大苗矮化、小苗促长、弱苗变壮、长势整齐、叶形直立短而宽、株型紧凑,叶片增厚叶色深、增加棒三叶面积、延缓衰老、提高千粒重,提高产量,改善品质。④提高抗逆能力、改善通风透光条件、减轻病虫害,对受除草剂药害的玉米快速缓解恢复。

使用方法:春玉米 9 ~ 12 片叶展开时,夏玉米 7 ~ 11 片叶展开时,每亩用 30 克,对水 15 ~ 20 千克,叶面喷施即可。

注意事项:①该品为高效生长调节剂,结合浇水施肥等综合管理措施效果更佳。②不能与碱性农药混用。③喷雾要均匀,不可随意加大用量。④该品在肥水条件好的地块使用增产效果显著,不宜在干旱、缺水、少肥、长势弱的玉米地块使用。⑤避开中午高温时应用,最好选阴天或晴天 17 时后喷洒,效果更佳。

（五）玉米矮半壮

由青岛瑞农生物科技有限公司研制生产,是一种超浓缩复合制剂,富含专用调节剂、氨基酸和多种微量元素,能抑制狂长,促进根系发育,增强光合作用,令植株茎粗、叶厚、根壮、抗倒伏,提高授粉率,使玉米棒大粒饱,还可抑制多种病害,可增产20% ~35%,每亩用药 20 毫升,对水 30 千克于玉米 6 ~ 10 片叶时喷雾。

（六）黄金玉配

由青岛瀚星生物科技有限公司生产玉米专用促控剂,能缩短节间,健壮植株,加速根系生长,促使根系发达,增加气根层数 2 ~ 3 层,株高降低 30 ~ 50 厘米,穗位高度降低 15 ~ 20 厘米,增强抗旱、抗涝、抗倒伏能力,可使穗大籽粒饱满,增产显著。更重要的是增加透光率,加强光合效率和营养物质的吸收转化,提高灌浆速度,促使玉米提早成熟。

使用方法:在玉米 5 ~ 11 片叶展开时使用效果最佳,每亩用药 10 克,对水 15 千克,叶面均匀喷施即可。

（七）万金玉

由郑州指南针农化有限公司研制生产,玉米控旺增产特效药,全面解决玉米倒伏、空棵、秃顶难题,能使植株健壮,加速根系生长,使根系发达,气根层数增加,节间缩短,穗位降低,增产显著。

使用方法:春玉米 6 ~ 10 片叶展开时使用效果最佳,每亩用药 10 克,对水 15 千克,叶面均匀喷施一次即可。

此外,化控药物还有玉米健壮素、玉米矮壮饱、玉得乐.金得乐、黄金玉、化控 2 号、多效唑、矮壮素、缩节胺、芸薹素、助壮素、双吉尔 6 号、双吉尔 8 号、喷施宝、绿风 95、W – HE 生物表面活化剂、CHE3 植物生长调节剂、生根粉、利丰收、丰产宝、丰收素、30%己·乙水剂(简称 30% DE)、乙烯利、壮丰安、烯效唑、维他灵、云大 – 120 乳剂、植保素乳剂、FA 旱地龙可湿性粉剂、玉米壮丰灵乳剂等。

二、化控药剂的正确使用

在正确选用化控药剂的基础上,还应该根据种植密度,苗情长势,土壤墒情和肥力水平。应当正确使用化控药剂。一般普通密度慎用,密度大时再用,因为使用化控药剂后一般单株叶面积减少 200～600 平方厘米,单位土地光合面积减少意味着生物产量减少,需要靠增加株数来补偿减少的面积,实践证明一般每亩应增加 1 000 株;苗情长势正常的不喷化控药剂,苗情旺长时再喷;土壤墒情不好、产量水平不高的地块坚持不喷化控药剂,墒情好、产量水平高的地块需要喷;所选用的品种植株高大时需要喷洒化控药剂,所选用品种为矮秆品种或极早熟品种、早熟品种可以不喷。不要盲目采用化控措施,应该灵活掌握。

在正确选择化控药物后,还要掌握化控药物的合适用量和使用时间,注意阅读产品说明书和产品介绍。按照产品说明书上的最佳使用剂量、使用浓度、使用时期、使用方法,避免因使用不当造成减产损失或药害、环境污染等。

第六章　气象灾害及其预防措施

第一节　水分逆境

作物的生长离不开水分,但是我国水资源短缺,且受大陆季风气候的影响,降水季节性、地域性分布不均,与玉米需水规律往往不能吻合。玉米生育时期降雨不足会引起旱灾;相反,雨水过多又会产生涝灾。

一、旱灾

旱灾是指因一定时期内降水偏少,造成大气干燥,土壤缺水,使作物体内水分亏缺,影响正常发育造成减产的现象。灾情严重时,植株可能枯萎死亡,导致绝收。当轻度干旱时,植株下部叶片中午出现短暂卷曲萎蔫。干旱加剧时上部叶片在中午也发生短暂萎蔫。严重干旱时上、下部叶片出现昼夜萎蔫,持续严重干旱则导致永久性萎蔫。观察叶片萎蔫情况必须以晴天为准。

在玉米生长发育的各个阶段,水分胁迫均会引起一系列不良的后果,其伤害程度及表现形式,在很大程度上取决于水分胁迫发生时玉米生长发育的阶段。玉米播种到出苗需水较少,要求耕层土壤保持田间持水量的60%～70%,如果墒情不好会影响玉米的发芽出苗,即使种子勉强膨胀发芽,也会因苗弱造成严重缺苗。拔节孕穗期需较多的水分,此时干旱会引起小穗、小花数目减少,同时造成"卡脖旱",降低结实率而影响产量。玉米对水分最敏感的时期是抽雄开花前后,该时期土壤含水量以保持田间持水量的70%~80%为宜。如果土壤水分不足,天气干旱就会缩短花粉的寿命,推迟雌穗抽丝的时间,授粉不好,导致严重减产。我国根据农业生产的特点和习惯,按干旱的季节分为春寒、夏旱、伏旱。在此也介绍一下"卡脖旱"。

（一）春旱

1. 春旱的为害

春旱是指出现在3~5月的干旱,主要影响我国各地春玉米播种、出苗与苗期生长。北方地区,春季气候干燥,水分蒸发量大,遇冬春枯水年份,易发生土壤干旱。无水源条件地区,春季土壤严重干旱,无法耕种玉米,只能等雨,宜错过适宜播期。出苗阶段遭受干旱的玉米,植株矮小根系弱,叶面积小。出苗质量差,整齐度低,生长后期大苗欺负小苗,空株和小穗株增加,延缓玉米生长发育进程,导致抽雄吐丝期推后,灌浆期缩短.生物产量大幅减少,导致产量降低。且地块间生育进程不一致,难以实现规范化统一管理。

2. 春旱预防措施

（1）因地制宜的采取蓄水保墒耕作技术。以土蓄水是解决旱地玉米需水的重要途径之一。建立以深松深翻为主体,松耙、压相结合的土壤耕作制度,改善土壤结构,建立"土壤水库",增强土壤蓄水保墒能力,抵御旱灾。冬春降水充沛的地区、河滩地、涝洼地等进行秋耕冬耕,能提高土壤蓄水能力,同时灭茬灭草,翌年利用返浆的土壤水分即可保证出苗。干旱春玉米区、山地、丘陵地,秋整地会增加春生季土壤风蚀,加重旱情灾害,加大春播前造墒的灌水量。采取保护性耕作或免耕播种,可提高抗旱能力。

（2）选择耐旱品种，进行种子处理。依靠品种自身优势、发挥种子活力，是提高玉米抗旱能力最有效的措施。采用干湿循环法处理种子，可有效提高抗旱能力。方法是将玉米种子在20~25℃温水中浸泡两昼夜，捞出后晾干播种。另外，还可以采用药剂浸种法：用氯化钙1千克，对水100升，浸种500千克，5~6小时后即可播种。

（3）地膜覆盖与秸秆覆盖。生产上使用此法可防止水分蒸发、增加地温、提高光能和水肥利用率，具有保墒、保肥、保温、增产、增收、增效等作用。对于正在播种且温度偏低的干旱地区，可直接挖穴抢墒点播，并裙盖地膜保墒，防止水分蒸发。

（4）抗旱播种。根据玉米生长习性，进入适播期后，利用玉米苗期较耐旱的特点，使玉米的需水规律与自然降水基本吻合，可基本满足玉米生长发育对水分的需求。遇到干旱时，可采用：①抢墒播种；②干种湿、深播浅盖；③催芽或催芽坐水种；④免耕播种。

（5）合理密植与施肥。依据品种特性、整地状况、播种方式和保苗株树等情况确定播量。播种时应留足预备苗，以备补栽。

合理使用氮肥，氮肥过多或不足都不利于耐旱，增施磷钾肥促进玉米根系生长。增使有机肥，能改善土壤的物理性状，发挥土壤蓄水、保水和供水的能力，从而提高抗旱性。

（6）使用保水剂、抗蒸腾剂等。保水抗旱剂能够吸收和保持自身重量400~1 000倍水分，最高者达5 000倍。保水剂可将土壤中多余水分积蓄起来，减少渗漏及蒸发损失。随着玉米生长，保水剂再将水缓缓释放出来，保证玉米生长。叶片蒸腾抑制剂，例如黄腐酸、十六烷醇溶液，喷洒至叶片后，可降低水分蒸腾。

3. 干旱发生后的减灾措施

（1）因地制宜调整种植结构。旱灾严重地区，特别是在无水源保障的地区,应根据旱情发展情况因地制宜调整种植结构。

（2）播前准备,等雨待播。尽快完成施肥、起垄整理土壤等播前准备工作,例如用开沟等雨抗旱播种,为利用降水做准备。

（3）苗情诊断,分类采取对策。干旱发生后,应及时查田。种子在干土层没有萌发,也没有出现粉种的情况,要进行穴浇抗旱或等雨出苗;对于出苗较好、达到 70% 以上的地块,观察苗情.采用推迟定苗时间、留双株的办法,等雨或灌溉后定苗。出苗 50% 以上的地块,应尽快发芽坐水补种早熟玉米品种。有条件可通过育苗移栽方式或结合间苗实施补种。而缺苗达 70% 以上时建议毁种,或改种其他熟期较早的作物或早熟玉米。

（4）工程灌溉。积极加强抗旱水源工程建设,抢修和利用一切现有水利设施和水利设备。

（5）做好旱情动态信息发布预测。准确掌握旱情,及时向有关部门反馈旱情信息,提出抗旱管理建议。

（6）加强生物灾害防控。干旱给一些病虫害的发生创造了机会,要准备药剂防治病虫害。

夏玉米种植区,在播种季节遭遇干旱与春玉米发生春旱的为害和应对措施基本一致,可参照执行。

（二）伏旱

1. 伏旱的为害

从入伏到出伏,相当于 7 月上旬至 8 月中旬,出现较长时间的晴热少雨天气,对夏季农作物生长很不利,比春旱更严重,故有"春旱不算旱,夏旱减一半"的农谚。伏旱发生时期,正是玉米由以营养生长为主向生殖生长过渡并结束过渡的时期,为玉米需水临界期和产量形成的关键时期,对产量影响极大。玉米遭受伏旱后植株矮化,叶片由下而上干枯。不同时期的干旱对产量性状的影响不同:抽雄吐丝期高温干旱影响授粉,秃尖较长,严重时出现空秆;籽粒形成期与灌浆初期遭受干旱,造成一部分籽粒败育,而长成的籽粒表现为体积小,粒瘪;灌浆期受旱果穗上部瘪粒严重。

2. 技术措施

(1)增施有机肥、深松改土、培肥地力,提高土壤缓冲能力和抗旱能力。

(2)实施有效灌溉。采取一切措施,集中有限水源,浇水保苗,推广喷灌、滴灌、垄灌等节水灌溉技术。

(3)加强田间管理。有灌溉条件的田块,灌溉后采取浅中耕,减少蒸发。无灌溉条件的田块等雨蓄水,采取中耕锄、高培土的措施。

(4)根外喷肥。叶面喷施腐殖酸类抗旱剂,可增加植物的抗旱性;也可利用尿素、磷酸二氢钾及过磷酸钙、草木灰过滤浸出液连续进行多次喷雾增加植株穗部水分,降温增湿.为叶片提供必需的水分及养分,提高子粒饱满度。

(5)人工辅助授粉。在高温干旱期间花粉自然散粉力下降,用竹竿赶粉或采粉涂抹等人工辅助授粉。

(6)防治病虫害。做好虫害检测防治工作。

(7)及时青贮,发展畜牧业。干旱绝产的地块,如玉米叶片青绿,及时进行青贮。

(8)重灾区、绝收地块及时割黄腾地,发展保护地生产或种植蔬菜小杂粮等。

(三)秋旱

1. 秋旱的为害

秋旱又成为"秋吊",是指在大田作物籽粒灌浆阶段发生的干旱,8月中旬至9月上旬,降雨量小于60毫米或者其中连续两旬降雨量小于20毫米可作为秋旱的指标。这个时期水分供

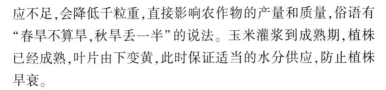

应不足,会降低千粒重,直接影响农作物的产量和质量,俗语有"春旱不算旱,秋旱丢一半"的说法。玉米灌浆到成熟期,植株已经成熟,叶片由下变黄,此时保证适当的水分供应,防止植株早衰。

2. 技术措施

(1)灌好抽雄灌浆水。抽雄后是决定玉米粒数多少、粒重高低的关键时期,灌好灌浆水对籽粒形成,增生支持根,防止倒伏有明显作用,提高结实率,促穗大粒饱。

(2)根外喷肥。叶面喷施腐殖酸类或者用磷酸二氢钾进行叶面喷肥,给叶片提供必需的水分及养分,提高籽粒饱满度。

(3)防治虫害。注意防治红蜘蛛、叶蝉、蚜虫等干旱条件下易发屯的虫害。

(四)卡脖旱

1. 卡脖旱的为害

卡脖旱是关于玉米等旱地作物孕穗期遭受干旱的通用俗语。玉米抽雄前 10～15 天至抽雄后 20 天是玉米一生中需水最多、耗水最大的时期,是水分临界期,对水分特别敏感。此时缺水雄穗抽出困难,叶节间密集而短,影响授粉,似卡脖子,故名卡脖旱。卡脖旱影响抽雄,幼穗发育不好,果穗小,籽粒少,雌雄穗间隔长,授粉不良,结实低,从而严重影响产量。

2. 技术措施

玉米拔节期是玉米生长的一个关键时期,因此应施足基肥浇好水,保证植株良好的生长,防止卡脖旱。大喇叭期不能缺水,田间持水量保持在 70% 以上。当出现土壤干旱时应及时浇水。其他措施参照伏旱部分。

二、涝灾

涝灾是由于在某段时间内降水量过多和降水强度过大而造成的。玉米是一种需水量大却不耐涝的作物,涝灾对玉米的影响因品种、生育期、环境条件即淹水持续时间不同而异。

1. 涝灾的为害

玉米种子萌发后,涝害发生的越早、淹水时间越长,受害越严重,淹水越深减产越严重。一般淹水 4 天减产 20% 以上,淹没 3 天,植株死亡。播种至 3 叶期是玉米一生中对涝害最敏感的时期,此阶段的涝害又称为芽涝。怕涝的原因是体内贮存的营养少,呼吸旺盛,种子会因无氧呼吸积累酒精而坏死。出苗期的涝害又可能加重疯顶病、丝黑穗病等的发生。拔节期涝害严重损害营养生长和雌雄穗发育,减少穗粒数。雌穗小花分化期淹水,会降低穗粒数和千粒重。淹水后的根系生长缓慢,根变粗、变短,几乎不生根毛,吸收能力下降,根系弯曲向上生长,出现“翻根”现象。淹水条件下会使根系中毒,发黑腐烂。遇涝后,土壤养分会流逝,致使速效氮大大减少,受涝玉米叶片发黄,生长缓慢。持续的强降雨导致玉米倒伏倒折严重。

2. 技术措施

(1)选用耐涝品种,调整播期,适期播种。不同品种耐渍性显著不同,可以选择耐涝性强的品种;抗涝品种一般根系里具有较发达的气腔,在受涝条件下叶色较好,枯黄较少。在易涝地区,播种期应尽量避开当地雨涝汛期;调整播期,使最怕涝渍的生育阶段错开多雨易涝季节。

(2)排水降渍。及时疏通排水渠道,尽早将田间积水排出,涝灾造成的倒伏玉米应尽早扶正,壅根培土。

(3)趟地散墒,降低土壤水分。待明水排净后,及时趟地,破除板结,加快散墒,改善土壤通透性,提高地温,尽快恢复根系生理活动。

(4)及时追肥。渍害导致土壤养分流失严重,苗势弱,要及时追施提苗肥,对渍害严重的田块,在施肥的同时喷施高效叶面肥和促根剂,促进恢复生长。

(5)人工授粉。对于处于授粉阶段的玉米,遭遇长期阴雨天气,应采取人工授粉方法促进玉米授粉。

(6)化学调控。针对因雨水多而造成的高脚苗问题,在落实中耕除草、起垄散墒措施基础上有针对性地喷施玉米健壮素、玉黄金、金得乐等玉米化学调控制剂。

(7)加强病虫害防治,消灭田间杂草。田间积水,空气湿度大,易发各种病虫害。及时进行病虫害的防治和清除杂草。

(8)促早熟。涝灾后玉米生育期多推迟,易遭受低温冷害威胁。可采用放秋垄、拿大草、割除空秆及病株、打底叶、喷施磷酸二氢钾、秸秆剥皮晾晒等促早熟措施,加速籽粒成熟。

(9)重播或改种其他作物。对受淹时间长,缺苗严重的田块,灾后应及时重新播种或改种其他作物。

第二节　温度逆境

温度是农作物生长的必要条件之一,各种作物的正常生长发育都有一个最适温度、最低温度和最高温度的界限,温度过高或过低都会影响作物的生长。玉米是喜温作物,需在温暖季节生长,生长下限温度为10℃,但是玉米生育期两头的过渡时期里,霜冻时常发生,一旦温度下降到足以引起玉米植株遭到伤害或死亡的低温时,哪怕是短时间的,就有可能引起霜害或冷害的发生。

一、冷害

冷害是指在作物生长季节 0℃以上低温对作物的损害,又称低温冷害。在北方夏季由于玉米长期以来适应了高温条件,对稍低的温度不能适应,当日平均温度降至 20℃以下,便影响正常生长。

1. 冷害的为害

受到低温冷害的玉米主要表现为红叶症,即植株上部的幼嫩叶片从夜间向下发红,仅主脉不变颜色。一些冷害较轻的瓶中表现为顶部幼嫩叶片轻微发红或发黄。当地温在 12℃以下,玉米根系发育不良,根出现肿大现象,呈鸡爪状。低温明显减弱玉米功能叶片的光合强度,减少叶片叶绿素含量,减弱玉米的呼吸,减弱强度随着低温程度和持续时间的增大而增大。玉米在播种至出苗期遇到低温,出现出苗和发育推迟,苗弱、瘦小等现象。到 4 叶展期,植株明显矮小,生长缓慢。4 叶展期至吐丝期,低温持续时间长,株高、茎秆、叶面积及单株干物质重受到影响;吐丝到成熟期,低温造成有效积温不够;灌浆期低温使植株干物质积累速率减缓,灌浆速率下降,造成减产。低温会影响玉米籽粒的成熟度,使籽粒含水率增加,造成玉米成熟后产量和品质下降。

2. 技术措施

(1)选育耐寒品种。根据区域生态特点,选育、推广适合本地的生育期适中、耐低温的品种。

(2)适期播种。结合当地气象条件,安排适当播种期,避免冷害威胁。

(3)种子处理。播种前药剂浸种,可以提高种子在低温下的发芽力;苗期叶面喷施药剂,可提高抵御低温冷害的能力;成熟前喷施催熟剂,可促进成熟,降低遭遇冷害的危险。用浓度0.02%～0.05%的硫酸铜、氯化锌、钼酸铵等溶液浸种,可提高玉米低温下的发芽能力,并使玉米提前成熟,减轻冷害。

(4)合理施肥,培育壮苗。增施有机肥可以改善土壤结构,协调水、肥、气、热,为培养壮苗提供良好基础,提高抗寒能力。

二、霜害

0℃以下低温引起作物受害,成为霜冻。霜冻是由于冷空气突然侵入,使气温骤降至0℃或0℃以下。霜冻使植物体内的水分结冰。通常见霜时,植物不一定遭受霜冻,而发生霜冻时,则不会出现白霜,所以,有人称霜冻为"黑霜""暗霜"。

1. 霜冻的为害

霜冻为害植物的实质是低温冻害,是因为植物组织中结冰导致植物组织损伤或死亡。－3℃是玉米3叶期幼苗致死的临界温度,低温持续时间2小时为致死的临界时间。高于－3℃的短时间的低温,边缘坏斑不会消失。当霜冻之后,如果温度迅速上升并且与阳光同时作用于受冻作物时,会因植物细胞内部的冰晶迅速融化导致细胞破裂,植物受害更重。玉米苗期受冻死苗指标为－4℃、成熟期为－2℃。冻害影响玉米制种,是造成种子发芽率不高的主要原因。

2. 技术措施

(1)选择抗寒品种,适时播种。选择抗寒能力较强,生育期适宜玉米品种。掌握当地低温霜冻发生的规律,使玉米播种于"暖头寒尾",成熟于初霜之前;相同生育期品种,应选择灌浆脱水速率快的。

(2)防霜。在预计有霜冻出现的前两天傍晚灌水,增加土壤水分,可延缓地表温度的降低;在霜冻来前两小时在风口大量点燃能产生大量烟雾的物质,如秸秆、杂草等,改变局部环境,降低冻害损失,但此法会污染大气;用稻草、杂草、尼龙薄膜等覆盖作物或地面,使覆盖物温度比气温高 1～3℃;霜冻来临前 3～4 天,在玉米田间施上厩肥、堆肥和草木灰等,既能提高地温又能增加土壤肥力。

(3)霜冻发生后,及时补救。仔细观察主茎生长锥是否冻死,若只是上部叶片受到损伤,心叶基本未受影响,及时进行中耕松土,提高地温暖,追施速效钾,促进新叶生长。如果冻害特别严重,玉米全部死亡,要及时改种早熟玉米或其他作物。

三、热害

高温对作物的生长发育以及产量造成的为害,称为高温热害。高温热害的气象指标是日最高气温连续 3 天以上达到或高于 35℃。一般是指玉米抽穗开花期的遭遇温度＞35℃、大气相对湿度接近 30% 的高温干燥气象条件,花粉常因迅速失水而干瘪,花丝枯萎,受粉不良,影响结实。

1. 热害的为害

高温条件下玉米光合作用减弱,呼吸作用增强,呼吸消耗明显增多,干物质积累量明显下降。温度持续高于 35℃时不利于花粉形成,开花散粉受阻,雄穗分支变小,数量减少,小花退化,花粉活力降低。受害程度随温度的升高和持续时间延长而加剧,温度超过 38℃时雄穗不能开花,胁迫 3 天完全停止散粉。高温影响雌穗的发育,吐丝困难,延缓雌穗吐丝或造成雌雄不协调,授粉结实不良。高温使玉米生育进程加快,雌穗分化数量减小,果穗变少。生育后期高温使玉米植株过早衰亡,灌浆时间缩短,影响蛋白质的合成速率,使千粒重、容重、品质和产量大幅下降。

2. 技术措施

(1)选育推广耐旱品种,预防高温为害。筛选和种植高温条件下授粉、结实良好,叶片短、厚,直立上冲,持绿时间长. 光合积累效率高的品种。

(2)利用调整种植方式、调节播期等方法,使作物敏感期错开高温时段。可以采用宽窄行种植有利于改善田间通风透光条件,苗期进行蹲苗,合理施肥,提高期自身耐高温能力。较长时间的持续高温,一般集中发生在 7 月中旬至 8 月上旬,春播玉米可在 4 月上旬适当覆膜早播。夏播玉米可推迟至 6 月中旬播种,使不耐高温的玉米品种开花授粉期避开高温天气,从而避免或减轻为害程度。

(3)人工辅助授粉,提高结实率。在高温条件下玉米的自然散粉和授粉均有所下降,开花期遇 38℃ 以上高温,建议采用人工辅助授粉。8～10 时采集新鲜花粉,用自制授粉器给花丝授粉即可。

(4)适期喷灌水,改善农田小气候。高温常伴随着干旱发生,高温期间提前喷、灌水,可直接降低田间温度,减免高温热害,也可通过化学调控抵御这一自然灾害。

第三节　光照逆境

光是光合作用的条件之一,直接影响农作物的光合作用效率,光主要同过光照度、光质和光照时间影响作物。自然条件下,达到一定的光照度,植物才能正常进行光合作用产生养分。因此,日照时数可以影响局部气候和植物生长环境及产量,寡照是影响作物产量水平的因素之一。

寡照阴害是指连阴日数多、光照不足对作物的为害。玉米是短日照作物,喜光,全生育期都要求适宜的光照。玉米在生长过程中常遭遇连续阴雨低温或伏天高温、光照不足的天气,会限制玉米的光合生产能力,使玉米的生长发育不良,导致产量的降低。

一、寡照

早期遮光显著地降低了植株高度,遮光开始越晚,植株降低越少,后期遮光反而使株高增加。低光照度可使玉米幼苗新叶出生速率显著降低。营养阶段遮光影响叶面积、株高、茎粗及生殖器官的发育,导致玉米干物质和籽粒品质下降。玉米开花前遮光延迟了抽雄和吐丝日期,若遮光时间较长,吐丝将比散粉推迟更多.从造成花期不遇。玉米雄穗发育时期对弱光照非常敏感,弱光可导致雄穗育性退化。苗期遮光可降低穗粒数,粒重没有影响;开花期遮光,粒数下降;籽粒形成期遮光,粒数和粒重都会下降,产量也显著下降。在黄淮海地区,8月上旬是全年高温阶段,有时高温阴雨闷热,正值夏玉米开花授粉时期。玉米花粉遭遇阴雨,吸水破裂丧失活力;遇到高温大气花粉活力降低,导致授粉不良结实率低,出现秃尖、秃尾、缺行、缺粒,果穗出现"半边脸"现象,减产严重。较适宜的温度和充足的光照是改善玉米品质的灌浆,阴雨寡照使得田间温度低、湿度大,引发病虫害,影响籽粒品质,降低产量。

二、技术措施

1. 选育良种,合理密植

玉米高产必须增加种植密度,但寡照地区光照度不足,群体过大造成郁闭反而影响产量。根据当地情况选择抗病性强、适应性广、稳产高产的优良品种,确定适宜种植密度。

2. 优化生产技术,构建高产群体

根据当地气候特点安排玉米播种期,使关键生育期避开阴雨天气高发期。提高播种质量,苗壮、苗齐、苗匀的高质量群体。大小行种植,改善群体内部光照条件。

3. 及时中耕、施肥

寡照常伴随低温或高温、阴雨,容易造成土壤板结养分流失,需及时趟中耕和追肥,改善土壤通气性,增加土壤有效养分。

4. 喷施玉米生长调节剂

寡照玉米茎秆脆弱、易发生倒伏。于玉米 6～12 叶期叶面喷施抗倒、防衰的生长调节剂,可起到促根壮秆、抗倒伏、稳产、增产的作用。

5. 人工辅助授粉

玉米花期遭遇阴雨寡照,采用拉绳等方法及时进行人工授粉,减少秃尖和缺粒。

6. 防治病虫害

在低温、寡照、多湿条件下,玉米大斑病、小斑病、锈病和穗腐病为害严重,及早调查防治,减少损害。

7. 适时收获

及时收获晾晒,避免后期多雨造成籽粒霉烂或被老鼠吃等损失。也可带穗收获,使玉米在秸秆上继续吸收养分,利于提高产量。

第四节　风灾与雹灾

一、风灾与倒伏

风灾是指大风对农业生产造成的直接和间接为害。直接为害指造成土壤风蚀沙化、对作物的机械损伤和生理为害同时也影响农事活动或破坏农业生产设施。间接为害指传播疾病和扩散污染物质等。

1. 风灾的为害

玉米是易受风灾的高秆作物,主要表现为倒伏和茎秆折断。倒伏是指植株从根部发生倾倒,但茎秆不折断,植株仍能够同过根系获得水分;倒伏不十分严重的植株可以自己逐渐恢复整常。倒折则是植株茎秆在强风作用下,组织发生折断,折断的上部组织由于无法获得水分而很快发生干枯死亡。受了风灾以后,玉米的光合作用下降,营养物质运输受阻,特别是中后期倒伏,使植株层叠铺倒,下层果穗灌浆速度慢,果穗变霉率增加。

2. 技术措施

(1)选用抗倒良种。生产选用株型紧凑、穗位或植株中心较低、茎秆组织较致密、韧性强、根系发达、抗风能力强的品种。

(2)促健生产,培育壮苗。健身生产是指提高玉米抵御风灾能力的重要措施。一是适当深耕,打破犁底层,促进根系下扎。二是增施有机肥和磷、钾肥,切忌偏肥。三是合理密植、大小行种植。四是适时早播,注意蹲苗,培育壮苗。五是做好病虫害的防治。

(3)化学调控生产。在玉米抽雄以前,采取化学调控措施可增强玉米的抗倒伏能力。目前,生产上利用的调节剂主要有玉米健壮素、玉黄金、吨田宝和矮壮素等。

(4)风灾发生后,及时采取补救措施,恢复正常生长,减少损失。措施有①及时培土扶正。苗期和拔节期遇风倒伏,植株能够恢复直立生长。小喇叭口期倒伏,只要倒伏程度不超过45°角,也可自然恢复。大喇叭口期后与风灾发生倒伏,植株失去恢复直立生长的能力,应当人工扶起并培土牢固。严重倒伏,可多株捆扎。②加强管理,促进生长。玉米遭受风灾时,常遭受雨涝灾害。因此,灾后及时排水,晴天及时扶正植株、培土、中耕、破除板结,使根系尽早恢复正常生理活动。根据受灾程度可增势速效氮肥。③加强病虫防治,防止玉米果穗霉烂。④茎折玉米处理。乳熟中期以前茎折严重的地块,可将玉米植株作青贮饲料。乳熟后期倒伏,果穗可做鲜熟玉米。蜡熟期倒伏,加强田间管理,待成熟收获。

二、雹灾

冰雹是从发展强盛的积雨云中降落至地面的冰块或冰球。我国是世界上雹灾较多的国家之一。夏季是冰雹多发季节。

1. 冰雹的为害

雹灾对玉米的伤害:一是直接砸伤玉米,砸断茎秆,叶片破碎,削弱了光合能力;二是冻伤植株;三是土壤表层被雹砸实,地面板结;四是茎叶创伤后感染病害。幼苗期遇到雹灾,植株的叶片可以被全部毁坏,仅剩叶鞘,因此部分植株新叶展开缓慢;同时由于土壤淹水,根系缺氧死亡。成株遭遇雹灾一般受害略轻,尽管叶片也会被打成丝状,但一般不会坏死,能够保持一定的光合能力,植株生长受影响较小。

2. 技术措施

(1)改良环境,合理布局作物。在雹灾多发地区通过植树造林,可改变冰雹形成的热力条件;冰雹在某一地区的发生季节都有相应集中的时段,将作物关键生育时期避开雹灾高峰期。

(2)及时田间诊断,慎重毁种。玉米苗期遭受雹灾后恢复能力强,只要生长点未被破坏,通过加强管理,仍能恢复。

第七章　玉米机械化生产

玉米是我国种植面积第一大粮食作物。发展玉米生产机械化是实现玉米增产的重要措施,对保证粮食安全、促进农业稳定发展和农民持续增收具有十分重要的意义。发展玉米生产机械化是提高玉米综合生产能力、保障粮食安全的迫切要求,是稳定玉米生产、增加农民收入的现实选择,是发展现代农业、建设社会主义新农村的必然要求。

第一节　玉米机械化作业过程要求与标准

一、播前准备

(一)品种选择

东北与西北地区的春玉米为一年一熟制,秋季降温快,其中,东北春玉米以雨养为主,西北地区光热资源丰富,干旱少雨,以灌溉为主。宜选择耐苗期低温、抗干旱、抗倒伏、熟期适宜、籽粒灌装后期脱水快的中早熟耐密植玉米品种。黄淮海地区和西北一年两熟区主要以小麦、玉米轮作为主,考虑到为下茬冬小麦留足生育期,宜选择生育期较短、苞叶松散、抗虫、高抗倒伏的耐密植玉米品种。西南及南方玉米区以丘陵、山地为主,种植方式复杂多样,种植制度有一年一熟和一年多熟,间套作复种是玉米种植的主要特点,可根据不同地域的特点,选择相应的多抗、高产玉米品种。

（二）种子处理

精量播种地区，必须选用高质量的种子并进行精选处理，要求处理后的种子纯度达到 96% 以上，净度达 98% 以上，发芽率达 95% 以上。有条件的地区可进行等离子体或磁化处理。播种前，应针对当地各种病虫害实际发生的程度，选择相应防治药剂进行拌种或包衣处理。特别是玉米丝黑穗病、苗枯病等土传病害和地下害虫严重发生的地区，必须在播种前做好病虫害预防处理。

（三）播前整地

东北、西北地区提倡前茬秋收后、土壤冻结前做好播前准备，包括深松、灭茬、旋耕、耙地、施基肥等作业，有条件的地区应采用多功能联合作业机具进行作业，大力提倡和推广保护性耕作技术。深松作业的深度以打破犁底层为原则，一般为 30～40 厘米；深松作业时间应根据当地降雨时空分布特点选择，以便更多地纳蓄自然降水；建议每隔 2～4 年进行 1 次。当地表紧实或明草较旺时，可利用圆盘耙、旋耕机等机具实施浅耙或浅旋，表土处理不超过 8 厘米。实施保护性耕作的区域，应按照保护性耕作技术要点和操作规程进行作业。黄淮海地区小麦收获时，采用带秸秆粉碎的联合收获机，留茬高度低于 20 厘米，秸秆粉碎后均匀抛撒，然后直接免耕播种玉米，一般不需进行整地作业。西南和南方玉米产区，在播前可进行旋耕作业。丘陵山地可采用小型微耕机具作业，平坝地区和缓坡耕地可采用中小型机具作业。对于黏重土壤，可根据需要实施深松作业。

（1）机械化深松、深耕技术。该项技术是机械化旱作农业工程技术中的关键，可打破犁底层，加土壤蓄水能力，减少病虫害。深松、深耕作业一般在春、夏、秋季进行。春季耕深不宜过大，以防跑墒；播种时要进行 1 次镇压；夏季深耕要掌握"早"和

"深"的原则,秋季深耕后播种的耕深宜浅。春、秋季深耕应在播种前7~10天进行。深耕的耕层应逐年加深,以防止形成新的犁底层,一般每次加深5~10厘米,耕深最深不宜大于40厘米,最浅不小于25厘米;深松最深可达50厘米,最浅不应小于30厘米。深松、深耕作业,耕深应一致。秸秆还田后深耕应覆盖严密,做到地表无杂草。

(2)机械镇压技术。机械镇压技术是用拖拉机牵引具有一定质量的铁制或石制的碾子,在播种前后对土壤进行碾压的技术。机械镇压可以压碎土块,压实耕作层土壤,以减少水分的蒸发,起到蓄水保墒的作用,还可促进作物生长。

①春镇压是指春播作物播种前后的镇压和小麦返青后的镇压。播种前气候干燥时,宜在播种前5~7天进行重镇压提墒,播种后采用轻镇压保墒促全苗。冬小麦返青后的镇压在大地解冻、麦苗返青时进行,一般采用轻镇压。②机械秋镇压是指秋播作物播种前后的镇压和秸秆直接粉碎还田后的镇压。技术要求与春镇压的技术要求相同。秸秆直接粉碎还田后的镇压在深耕覆盖后进行,镇压质量介于轻镇压和重镇压之间。③机械冬镇压指对越冬农作物的镇压。冬镇压可以损伤一部分生长过快的麦苗茎秆,降低地力消耗,加快返青,一般镇压时间为入冬以后,镇压质量为轻镇压。

(3)机械化秸秆直接粉碎还田技术。机械化秸秆直接粉碎还田技术是用秸秆还田机械将农作物秸秆直接粉碎并均匀地抛撒于地表,再用深耕犁进行深耕覆盖,使秸秆腐化,以改良土壤的一种技术。秸秆粉碎一般在玉米秸秆进入黄熟期并摘穗后进行,此时秸秆含水量在30%以上,秸秆脆且未完全成纤维状,粉碎效果好。还田时,要增施速效氮肥,在深耕时应增施120~150千克/公顷,以加速秸秆腐烂的速度和防止土壤缺氮。最好能粉碎作物根茬,用圆盘耙或旋耕机进行4~6厘米深的灭茬作业,以免影响播种。秸秆粉碎后应及时地进行深耕覆盖,以减少养分和水分流失,耕深宜在 25 厘米以上,秸秆粉碎还田后应进行镇压,可根据具体情况适时适量地进行镇压,确保土壤细碎,并具有一定的紧实度,保墒蓄水,以利秸秆腐烂。沙石含量较多的地块不宜进行秸秆直接粉碎还田,秸秆还田时最好在立状,卧放时,机械应顺着秸秆铺放方向进行还田。

二、播种

适时播种是保证出苗整齐度的重要措施,当地温在 8 ~ 12℃,土壤含水量 14% 左右时,即可进行播种。合理的种植密度是提高单位面积产量的主要因素之一,各地应按照当地的玉米品种特性,选定合适的播量,保证亩株数符合农艺要求。应尽量采用机械化精量播种技术,作业要求是:单粒率≥85%,空穴率<5%,伤种率≤1.5%;播深或覆土深度一般为 4 ~ 5 厘米,误差不大于 1 厘米;株距合格率≥80%;种肥应施在种子下方或侧下方,与种子相隔 5 厘米以上,且肥条均匀连续;苗带直线性好,种子左右偏差不大于 4 厘米,以便于田间管理。

东北地区垄作种植行距采用 60 厘米或 65 厘米等行距,并逐步向 60 厘米等行距平作种植方式发展;黄淮海地区采用 60 厘米等行距种植方式,前茬小麦种植时应考虑对应玉米种植行距的需求,尽量不采用套种方式;西部采用宽窄行覆膜种植的地区,也应尽量统一宽窄行距。西南和南方种植区,结合当地实际,合理确定相对稳定、适宜机械作业的种植行距和种植模式,选择与之配套的中小型精量播种机具进行播种。

三、田间管理

(一)中耕施肥

根据测土配方施肥技术成果,按各地目标产量、施肥方式及追肥用量,在玉米拔节或小喇叭口期,采用高地隙中耕施肥机具或轻小型田间管理机械,进行中耕追肥机械化作业,一次完成开沟、施肥、培土、镇压等工序。追肥机各排肥口施肥量应调整一致。追肥机具应具有良好的行间通过性能,追肥作业应无明显伤根,伤苗率<3%,追肥深度6~10厘米,追肥部位在植株行侧10~20厘米,肥带宽度>3厘米,无明显断条,施肥后覆土严密。

机械深施化肥技术是一项使用深施机具,按农艺要求的品种、数量、施肥部位和深度,适时均匀地将化肥施于土壤中的实用技术。该技术能提高化肥的利用率,避免和减少因施用不当而造成的损失。

(1)底肥深施。先撒肥后翻耕的深施方法,要尽可能地缩短化肥暴露在地表的时间,尤其是对碳酸铵等在空气中易挥发的化肥,要做到随撒肥随翻耕入土。此种施肥方法可在犁具前加装撒肥装置,也可使用专用撒肥机,翻耕后化肥埋入土壤深度为6厘米。边翻耕边施肥的方法一般可对现有耕翻犁具增加排肥装置,通常将排肥器安装在犁铧后面,随着犁铧翻垡将化肥施于垡面上或犁沟底,然后由后犁翻垡覆盖。施肥深度为6厘米,肥带宽度为3~5厘米。

(2)种肥深施。种肥须在播种的同时进行深施,有侧位深施和正位深施两种形式。侧位深施种肥施于种子的侧下方,小麦种肥一般在种子的侧、下方各2.5~4.0厘米,玉米种肥一般为5.5厘米,肥带宽度宜在3厘米以上;正位深施种肥施于种床正下方,肥层同种子之间土壤隔离层为3厘米以上。

(二)植保

根据当地玉米病虫草害的发生规律,按植保要求采取综合防治措施,合理选用药剂及用量,按照机械化高效植保技术操作规程进行防治作业。苗前喷施除草剂应在土壤湿度较大时进行,均匀喷洒,在地表形成一层药膜;苗后喷施除草剂在玉米

3～5叶期进行,要求在行间近地面喷施,以减少药剂飘移。玉米生育中后期喷药防治病虫害时,应采用高地隙喷药机械进行机械化植保作业,有条件的地方要积极推广农业航化作业技术,要提高喷施药剂的精准性和利用率,严防人畜中毒、作物药害和农产品农药残留超标。

（三）节水灌溉

有条件的地区,应采用滴灌、喷灌等先进的节水灌溉技术和装备,按玉米需水要求进行节水灌溉。

（四）收获

各地应根据玉米成熟度适时进行收获作业,根据地块大小和种植行距及作业要求选择合适的联合收获机、青贮饲料收获机型。玉米收获机行距应与玉米种植行距相适应,行距偏差不宜超过5厘米。使用机械化收获的玉米,植株倒伏率应<5%,否则会影响作业效率,加大收获损失。作业质量要求:玉米果穗收获,籽粒损失率≤2%,果穗损失率≤3%,籽粒破碎率≤1%,果穗含杂率≤5%,苞叶未剥净率<15%;玉米脱粒联合收获,玉米籽粒含水率≤23%;玉米青贮收获,秸秆含水量≥65%,秸秆切碎长度≤3厘米,切碎合格率≥85%,割茬高度≤15厘米,收割损失率≤5%。玉米秸秆还田按《秸秆还田机械化技术》要求执行。

第二节　耕地机械

耕地是大田农业生产中最基本也是最重要的工作环节之一。其目的就是在传统的农业耕作生产制度中通过深耕和翻扣土壤,把作物残茬、病虫害以及遭到破坏的表土层深翻,而使得到长时间恢复的低层土壤翻到地表,以利于消灭杂草和病虫害,改善作物的生长环境。

一、铧式犁

铧式犁应用历史最长,技术最为成熟,作业范围最广,包括犁架、主犁体、耕深调节装置、支撑行走装置、牵引悬挂装置等,主犁体为铧式犁的核心工作部件。铧式犁通过犁体曲面对土壤的切削、碎土和翻扣,实现耕地作业。

根据农业生产的不同要求、自然条件变化、动力配备情况等,铧式犁在形式上又派生出一些具有现代特征的新型犁:双向犁、栅条犁、调幅犁、滚子犁、高速犁等。

二、圆盘犁

圆盘犁是以球面圆盘作为工作部件的耕作机械,它依靠其重量强制入土,入土性能比铧式犁差,土壤摩擦力小,切断杂草能力强,可适用于开荒、黏重土壤作业,但翻垡及覆盖能力较弱。

三、凿形犁

又称深松犁。工作部件为一凿齿形深松铲,安装在机架后横梁上,凿形齿在土壤中利用挤压力破碎土壤,深松犁底层,没有翻垡能力。

四、深松机械

针对我国土壤有机质含量低、耕层浅、犁底层厚硬、土壤理化性状差等问题开展了深松改土技术与机具研发。针对我国广大农村地区不大可能购买大型拖拉机的现实问题,研发了与中型拖拉机相配套的"振动式"深松机械,通过振动实现土壤二维切割,降低牵引阻力;抖动式深松机研发,深松铲在阻力作用下不停抖动,实现土壤断续切割,降低牵引阻力;条带深旋机研发,仅对播种条带进行局部旋耕,减少动土量,降低动力消耗。与非振动深松作业相比,振动式深松机的牵引阻力降低 13% ~ 18%,苗期深松结合施肥作业进行,一次进地完成两项作业。

第三节 整地机械

整地后土垡间有很大的空间,土块较大、地表不平,尚不能进行播种作业,须进行松碎平整作业,以达到地表平整、上松下实的农作物生产要求。这项工作一般由整地机械来完成。整地机械的种类很多,根据不同作业的需要有以下几种类型:钉齿耙、圆盘耙、悬耕机、滚乳耙、镇压器等。其中,钉齿耙目前多用于蓄力作业,圆盘耙和悬耕机机械化应用较多。

一、圆盘耙

圆盘耙始用于 20 世纪 40 年代,是替代钉齿耙的主要机具之一,目前,国内外已广泛采用,耙地机组在牵引动力的作用下,圆盘耙片受重力和土壤反力的作用边滚动边切入土壤并达到预定耙深,由于耙片偏角的作用,耙组同时完成了切割土壤,切断杂草和翻扣的工作。主要特点是,被动旋转,断草能力较强,具有一定的切土、碎土和翻土功能,功率消耗少,作业效率高,既可在已耕地作业又可在未耕地作业,工作适应性较强。

二、旋耕机

旋耕机应用的历史较短,用途不一,有些国家和地区作为耕地机械使用,有的用作整地机械,大多用于耕后松碎土壤和整平地表。旋耕机主要由机架、传动装置、刀辊、挡土罩、平地拖板等组成。旋耕机刀片在动力的驱动下一边旋转,一边随机组直线前进,在旋转中切入土壤,并将切下的土块向后抛掷,与挡土板撞击后进一步破碎并落向地表,然后被拖板拖平。旋耕机作业时,拖拉机的动力以扭矩的形式直接作用于工作部件,不需要很大的牵引力,避免了拖拉机由于受附着力的限制,功率不能充分利用的问题。按其工作部件的运动方式可分为水平横轴式、立轴式等几种。

第四节　播种机械

播种机主要完成开沟、播种、施肥、覆土、镇压等工序。播种机工作时,开沟器开出种沟,种子箱内的种子被排种器连续均匀地排出,通过输种管均匀地分布到种沟内,然后由覆土器覆土再由镇压装置进行镇压。

播种机结构形式很多,但其构造基本相同,一般包括工作部件和辅助部件两大部分。工作部件主要有开沟器、排种器、排肥器、覆土镇压装置等;辅助装置主要有种子箱、导种管、行走装置、传动装置、挂结装置、调整装置、质量监控装置等。

对于任何一种播种机来说,核心就是排种器,它决定播种机工作质量和工作性能优劣的重要因素,按照排种器工作原理分为机械式、气吸式和气吹式排种器。

一、机械式排种器

机械式排种器包括槽轮式、勺轮式、窝眼式和仓转式排种器。

(1)槽轮式排种器。主要用于穴播机,工作时槽轮处于纵向铅锤位置随排种方轴转动。种子从种箱进入排种室,落入凹槽的种子随槽轮转动,带到一定高度后,当其重力超过摩擦力时即自动滑落,通过导种管、开沟器播入土壤中。内槽轮式基本上不损伤种子,排种无动脉现象,均匀性较外槽轮好,但稳定性较差。这种排种器是靠改变排种轴转速来调节播量,因而传动机构复杂。槽轮式排种器适宜于低速作业,不能实现精量播种。

(2)勺轮式排种器。属于精播机,利用种子重力和形状尺寸,通过勺轮将单个种子从种子堆中分离出来,利用种子休止角特性从勺中滑落到排种盘中,随排种盘转动,落到种床中。适宜于低速作业,但重播率漏播率偏高。

(3)窝眼轮式排种器。也称型孔式排种器。工作部件是一个装在种子箱底部,处于铅垂位置绕水平轴旋转的窝眼轮。窝眼轮的外缘,开有一排根据种子大小制成的圆形孔。种子箱内的种子靠自重冲入窝眼轮内,当窝眼轮转动时,经刮种器刮去多余的种子后,窝眼内的种子沿护种板转到下方的一定位置,靠重力或由推种器投入输种管,或直接落入种沟。单粒精播时每个窝眼内要求只容纳一粒种子。

窝眼形状有圆柱形、圆锥形或半球形。适于播小粒球状种子。影响充种性能的因素有窝眼形状与大小、充种角、窝眼轮直径、转速及种子形状、大小、流动性等。窝眼轮线速度较小时,充种系数高。直径大的窝眼轮可增加充种路程,并可降低投种高度,有利于提高播种的均匀性。

(4)仓转式排种器。主要由排种器壳体、排种轴、排出器组成,排种器壳体侧边有进种口。排出器由有一个固定的勺和与壳体铰接的挡板1和挡板2部分组成。种箱内的种子通过进种口进入排种器的内腔,在下侧挡板1和勺封闭,种子在重力的作用下进入排出器,并在排出器内随排种器上升,到一定高度时多余的种子下落,只剩下勺内的种子,越过最高点种子即下滑进入挡板2的勺中,旋转到下侧一定位置种子投出,完成排种。

二、气吸式排种器

气吸式播种机是依靠空气吸力将种子均匀地分布在型孔轮

或滚筒上完成播种作业过程。它的主要工作部件是一个带有吸孔的竖直排种圆盘。排种盘的背面有真空室。真空室与风机吸风口相连接,使真空室内存在负压。排种盘的另一面是种子室。当排种盘回转时,在真空室负压作用下,种子被吸附于吸种孔上,并随排种盘一起转动。随着排种盘的转动,刮种器刮去吸种孔上多余的种子,只带一粒种子转到开沟器的上方,当种子转出真空室后,不再承受负压,种子靠自重下落至开沟器开出的种沟内。刮种片的作用是除去吸孔上多余的种子,其位置可调整。排种盘可以更换,以改变吸孔大小和盘上吸孔数,使之适应于各种种子尺寸形状和株距。

气吸式排种器通用性好,需要对种子进行分级处理,但不需对种子严格按尺寸分级,它具有作业质量高、排种均匀性好、种子破碎率低、适用于高速作业等特点。气密要求较高,风机需要消耗大的功率,排种器的结构也较复杂,且容易磨损;存在地头缺苗问题。

三、气吹式排种器

气吹式排种器带有一个锥型孔的吸种圆盘,锥型孔外口直径较大,充种性能好,一个窝眼内可装入几粒种子。锥型孔底部有与圆盘内腔吸风管相通的孔道,称为吸种孔。当圆盘转动时,种子从种子箱滚入圆盘的锥形孔上,压气喷嘴中吹出气流压在锥型孔上,首先多余的种子则被喷嘴喷出的高速气流吹出型孔,而因气流通过种子与小孔的缝隙时速度较高,形成压差,因而使一粒种子贴紧在锥形型孔的底部。转动的圆盘将种子运送到下部投种口处,靠自重作用落入开沟器投入种沟。

气吹式排种器具有充种性能好、种子破碎率低、工作质量高、适用于高速作业等特点。同时它对气密性要求不高,风机消耗功率小,结构简单,但不需要对种子进行分级处理。

第五节 田间管理机械

一、中耕施肥(除草)

玉米田间管理机械化作业环节主要有中耕施肥(除草)机械和植保机械。中耕是在作物生长期间进行田间管理的重要作业项目,其主要目的是及时改善土壤状况,蓄水保墒,消灭杂草,提高地温,促使有机物的分解,为农作物的生长发育创造良好的条件。

玉米追肥机械化一般与中耕除草结合在一起同时进行。由于玉米播种的特点,基肥往往施用量不足,在玉米不同生长期,结合中耕适时追肥对培育壮苗获得高产至关重要。一般在中耕机具上加装一套施肥装置,一次完成中耕培土、施肥、覆盖镇压等工序。

(1)行间深松机。玉米行间深松机可以提高土壤蓄水、保水能力,是旱地耕作的关键技术措施,在夏天雨季到来之前,玉米5~7片叶时选择玉米行间全方位深松机或单柱深松机进行,深松可打破犁底层,又不伤苗断根,不乱土层,一般在25厘米以上为宜。作业时,深松铲应对准玉米行中间进行深松,一般深松机上配有镇压轮,深松同时镇压。深松后可形成上虚下实、松紧相间的土体结构,有利于蓄水排涝、透水通气,促进作物根系发育。

(2)中耕追肥机。中耕追肥机主要在苗期应用,包括土壤工作部件和追肥装置两部分。土壤工作部件是中耕追肥机在玉米行间进行表土耕作及深施化肥的工作元件,有供行间除草用的双翼式、单翼式、双翼通用式除草表层松土用的转动锄;深层松土用的凿式、双尖式、单尖式松土铲;培土起垄用的壁式、旋转式培土起垄器及施肥所需的施肥开沟器。追肥装置,主要是化肥排肥器,常用的有外槽轮式、转盘式、螺旋式、星轮式和振动式等几种。

试验表明,用机具在地表下10厘米左右深施化肥与地表撒施相比,可提高肥效30%~50%。国外一般的施肥机采用施液体肥,利用率高。

二、植保机械

采用手动或机动植保机械,喷洒液状或粉状农药和除草剂,及时防治各种病虫草害。机械化植保可大大提高作业效率,保障作业效果,减少用药,降低环境污染程度。

我国目前普遍使用的植保机械机型比较单一。国产植保机械有20多个品种、80多个型号,其中,80%处于发达国家20世纪50~60年代的水平,尤其是年产量高达800万~1 000万台的各种手动喷雾器,常用机具仍是单管、压缩、背负式喷雾器等。研究精准施药、循环喷雾、仿形喷雾、防飘喷雾、低空低量航空喷雾等技术,研制循环喷雾机、机动背负式喷杆喷雾机、自走式高地隙喷雾机、航空喷雾机适合我国农业生产特点的高效植保机械有利于提高我国生产效率。

各种大型植保机械都是机、电、液一体化的复杂系统,其喷幅为18~34米,药箱容量为400~3 000升,作业速度达8~10千米/时,通过喷药系统将药液雾化进行均匀喷施。大面积玉米种植使用植保机械主要为高地隙自走式植保机械,应用于作物播种后喷水、除草剂喷洒、喷洒杀虫抗病药物、喷施叶面肥等农作物田间管理的各个环节。

发展适于我国的高构架式喷药施肥机械,便于大喇叭口以后各时期田间病虫害预防及救治,如玉米螟、各种叶斑病均可在大喇叭口期喷雾预防,蚜虫可在穗期喷雾防治。

第六节　收获机械

由于玉米种植范围广,品种和气候条件不同,以及生产措施的差异,收获时的玉米茎秆和籽粒水分差别较大。因此有不同的机械收获方式,随着社会经济的发展及机械化技术水平的提高,分段收获方式已逐步被淘汰。联合收获作业机械化程度高,可以大幅度地提高劳动生产率,减轻劳动强度,减少收获损失,因此得到快速发展和普遍使用。目前主要的收获方式有:机械摘穗+秸秆整秆铺放、机械摘穗+秸秆粉碎还田、机械摘穗+剥皮+精秆粉碎还田和穗茎兼收模式。

一、玉米收获机械的主要工作部件

玉米收获机一般由分禾器、摘穗装置、输送装置、传动系统、机架及悬挂升降机构等组成。

(1)玉米摘穗装置。摘穗装置是玉米收获机的核心装置,其作业性能直接影响收获质量。摘穗装置的功能是在尽量不破坏玉米籽粒的前提下,使果穗和茎秆分离。摘穗辊具有抓取茎秆,辗压拉引茎秆,摘取分离果穗以及输送和排出茎秆的能力。摘穗装置有纵卧式摘穗辊、横卧式摘穗辊、组合立式摘穗辊和纵向板式摘穗装置。

(2)玉米剥皮装置。剥皮装置的作用是将苞叶从玉米穗上剥离,以便于后面的晾晒脱粒。在使用剥皮功能时,应注意协调好苞叶剥净率与籽粒破碎率之间的矛盾关系。

(3)辅助部件。辅助部件包括分禾器、夹持输送装置、果穗升运器,籽粒回收装置、果穗收集系统、茎秆处理装置。

二、目前主要的收获机械类型

我国生产的玉米联合收获机按收获工艺可分为两种,摘穗—剥皮—果穗收集—茎秆粉碎还田(或收集)、摘穗—果穗收集—茎秆粉碎还田(或收集)。根据这两种收获工艺研制的机型有自走式、牵引式和悬挂式3种,每种机型各有其特点。

(1)自走式机型。自走式玉米收获机是一种专用收获机型,具有自行开道的功能,结构紧凑、性能较为完善、作业效率高、作业质量好,但其构造较复杂,故障率高。自走式机型,产品有3行和4行2种。具有摘穗、剥皮、集穗、秸秆粉碎还田等功能,生产效率高。自走式机型摘穗机构基本采用已定型的前苏联或美国结构,即摘穗板—拉茎辊—拨禾链组合机构,其籽粒损失率较小。

(2)牵引式机型。牵引式玉米收获机是我国最早研制和开发的机型。牵引式机型与拖拉机配套使用,适合在大面积地块作业。每行程收2~3行,具有摘穗、剥皮、果穗装车、茎秆粉碎还田或收集功能,整机配置方便,结构较简单,价格低廉,使用可靠性好。同时动力可与整机分离,在非工作时间动力可另行它用,从而提高了动力的利用率,但存在作业时机组较长、转弯半径大,而且收获前要预先开道等问题。

收获时车轮反复压实土壤,对耕作质量有一定影响,该机型与垄距匹配性较差,易推倒或侧向压倒秸秆。

(3)悬挂式机型。悬挂式机型是指玉米收获机悬挂在拖拉机上,使其与拖拉机形成一体,形式与自走式收获机相近,有前悬挂、侧悬挂和倒悬挂3种。悬挂机型的收获工艺一般为摘穗—果穗装箱—茎秆粉碎还田,有1~3行机型,1行机多为侧悬挂式,2行机有侧悬挂与正悬挂,3行机型基本采用正悬挂配置,该机型整体结构紧凑、价格低廉、动力与收获机可分离、动力利用率高、2 和 3 行机无需人工收割开道、转弯半径小、适应性强。但在结构布置、安装和拆卸上都有一定困难,损失率和破碎率还有待进一步降低。

三、玉米秸秆还田机械化技术

秉承全年秸秆还田、持续培肥土壤,实现土壤越种越肥,产量不断提高。

1. 基本技术要求

玉米收获后,用还田机械及时进行玉米秸秆粉碎,深翻掩埋还田。小麦播种前,选用适宜的玉米秸秆粉碎还田机械粉碎秸秆并均匀还田后,施肥(下茬作物所需要底施的有机肥、氮磷钾肥,还适当考虑秸秆还田后应补施一部分氮肥,需要调节玉米秸秆的碳氮比例 80∶1 调到 25∶1,以提高土壤中微生物对玉米秸秆腐烂利于效果),基肥要撒施均匀,用大型拖拉机深耕 30 厘米以上,实现土肥混匀,秸秆掩埋彻底,并镇压踢实,播种小麦后应浇水踢实土壤。

2. 注意事项

(1)玉米收获后及时秸秆粉碎,实践表明秸秆含水量高易打碎,粉碎效果较好,反之粉碎效果就较差。

(2)玉米秸秆粉碎后要均匀覆盖地表,若采用免耕播种,最好选用带有秸秆粉碎和抛撒装置的联合收割机,要求留茬高度 10 厘米以下。秸秆粉碎长度 2～3 厘米,粉碎越短越好、越细越好,还应当抛撒均匀,有条件还是提倡旋耕或耙地灭茬,一般横竖交叉旋耙 2 次最好。

(3)有条件的,提倡推广使用秸秆腐熟剂,加速还田秸秆腐解速度,增加养分提供能力,缓解病害虫卵土壤中存活数里量或越冬菌源虫源。

四、玉米脱粒机械

目前,全国各地玉米脱粒机械比较普遍,型号各异,功能及主要优缺点不同,甚至许多农户用人手工脱粒、棍棒敲打等代替脱粒机械。本文介绍部分适合科研单穗脱粒或较大型具有湿脱粒机械供学员了解参考。

青岛圣硕机械有限公司生产的 2013 新型系列玉米脱粒机(2013A 型、2013B 型、2013C 型)适合于科研、育种单穗脱粒使用。青岛圣硕牌 5TY－112 型双筒玉米脱粒机, 1 500～1 800千克/小时,脱净率＞98％,解决了市场上单辊筒玉米脱粒机,脱粒不干净、效率低的问题,广泛用于玉米脱粒。

东光县坤腾机械厂生产的最新柴油机带大型净粮移动式玉米脱粒机(5 桶,功率:490 柴油机 40 马力),该机工作量,湿玉米 15～20 吨/小时,干玉米 30～40 吨/小时。该机不但保持着固定式的优点,而且还有马力大、移动灵活方便的特点,是用三相电不便地区或状况下玉米脱粒的首选设备。突出优点:①效率高速度快,最突出的特点是可以脱湿玉米;②机带有振动筛,直接出净粮,为收粮者减少了一道工序(筛玉米)既节约了工时,也节省了设备费、场地费;③该机不烂芯、不碎芯,直接出整芯。

最新大型玉米脱粒机(6 桶),电机功率:18.5 千瓦 4 级,生产能力:25～30 吨/小时(干玉米)15 吨/小时(湿玉米)。效率高,速度快,最突出的特点是可以脱湿玉米;机带有振动筛,直接出净粮,为收粮者减少了一道工序(筛玉米)既节约了工时,也节省了设备费、场地费;该机不烂芯、不碎芯,直接出整芯。

第八章　特用玉米生产技术

特用玉米具有较高的经济价值、营养价值或加工利用价值，由于其用途与加工要求均有不同，因此，在生产过程中须注意根据不同种类玉米的用途制定相应的生产技术。

第一节　甜玉米生产技术

甜玉米是甜质型玉米的简称，是由普通型玉米发生基因突变，经长期分离选育而成的一个玉米亚种（类型）。根据控制基因的不同，甜玉米可分为3种类型：普通甜玉米、超甜玉米、加强甜玉米。

（一）选择品种

超甜玉米品种宜用作水果、蔬菜玉米上市，普通甜玉米品种宜用作罐头制品。

（二）严格隔离

甜玉米容易产生花粉直感现象，因此要与其他玉米严格隔离种植，必须利用空间或障碍物进行隔离，隔离距离大于300米。也可采用错期播种，一般春播要间隔30天以上，夏播间隔20天以上。

（三）适时播种

甜玉米发芽需要的最适温度为32～36℃，在春季温度低时，发芽所需天数增加。地温13℃时，需18～20天发芽，15～

18℃时需 8~10 天,20℃时只需 5~6 天。一般当气温稳定通过 13℃,5 厘米地温达到 11℃以上即可播种。

（四）科学用肥

每亩施用腐熟的有机肥 1 000~1 500千克、尿素 15~18 千克、磷酸二铵 30~40 千克、氯化钾 15~18 千克作基肥,分别在拔节前有 7~8 可见叶片时与抽雄前 10 天左右,追施氮肥 7.5~10 千克。

（五）适时间苗、定苗

4~5 片叶间苗,6~7 片叶定苗,每亩适宜密度 4 000~5 000株。

（六）中耕除草

中耕除草具有提高地温、保蓄土壤水分和改善营养状况的作用,4~5 片叶时进行浅中耕,一般为 3 厘米,7~8 片叶时深中耕 10 厘米左右,拔节以后浅中耕 3 厘米。一般从拔节到抽雄前,结合中耕除草轻培土 2~3 次,以增强抗倒能力。

（七）清除分蘖

苗期玉米开始分蘖时及时掰除,尽量不伤及主茎。

（八）病虫防治

（1）选择抗病品种。

（2）害虫防治。苗期的地下害虫主要是地老虎和蝼蛄。防治地老虎和蝼蛄,可把麦麸等饵料炒香,每亩用饵料 4~5 千克,加入 90% 敌百虫的 30 倍水溶液 150 毫升,拌匀成毒饵,傍晚撒施,进行诱杀。或在幼虫 2 龄盛期,可用 80% 敌敌畏 1 500倍液沿玉米行喷施。

心叶期和穗期的主要虫害是玉米螟,幼虫蛀入茎秆为害,造成茎秆或雄穗折断,钻入果穗为害籽粒,会大大降低商品性,尽量用赤眼蜂或白僵菌进行生物防治,决不能用残留期长的剧毒农药。

（九）适时收获

除了制种留作种子用的甜玉米要到籽粒完熟期收获外，做罐头、速冻和鲜果穗上市的甜玉米，都应在最适"食味"期（乳熟前期）采收。

不同品种、不同地点之间采收时间不同。在上海，普通甜玉米籽粒在授粉后 23 天采收；在江苏淮阴等地，在授粉后 17～21天采收；在河南郑州等地，超甜玉米在授粉后 20～25 天采收。

（十）判断甜玉米适期采收的方法

（1）含水率法。含水率与甜玉米的食味有着密切的关系。由于甜玉米利用类型不同，对采收期籽粒中含水率的要求也不同，用做整粒罐头、整粒冷冻、粉末的要求含水率为 73%～76%；用做奶油型罐头的要求含水率为 68%～73%；带芯冷冻、青穗上市的要求含水率为 68%～72%。

（2）果皮强度法。用穿孔法测定果皮强度，以确定适宜采收期。果皮强度在授粉后不断增加，最佳质量果皮强度，整粒甜玉米为 240～280 克、奶油型为 280～290 克。

（3）有效积温法。普通甜玉米与超甜玉米的适宜采收期分别为，吐丝后有效积温达 270℃与 290～350℃。

第二节　糯玉米生产技术

糯玉米籽粒中，含 70%～75% 的淀粉、10% 以上的蛋白质、4%～5% 的脂肪、2% 的多种维生素，籽粒中蛋白质、维生素 A、维生素 B_1、维生素 B_2 均高于稻米。

（一）选用良种

选用适合当地自然和生产条件的杂交种。根据市场要求搭配早、中、晚熟品种。

（二）隔离种植

参考甜玉米隔离技术。

（三）合理安排播期

根据市场与消费者需求，合理安排春播、夏播和秋播时间。

糯玉米播种的初始温度为气温稳定通过 12℃，采用苗床棚架薄膜营养钵育苗，可以使播种期比露地提前 10～15 天。

首期薄膜育苗移栽到大田后再覆膜促进壮苗早发。覆盖时间在移栽前 3～5 天，以充分利用光能，增加移栽时地温，缩短缓苗期。首期播种以后，按照市场的需求，每隔 7～10 天再播种一批，最迟播期只要能保证采收期气温在 18℃ 以上即可。一般江、浙、沪地区最后一批播期可在 7 月底至 8 月上旬。

（四）合理密植

糯玉米合理的种植密度与品种、肥水和气候有关。高秆、晚熟品种，每亩种植密度 3 000～3 500 株。矮秆、中早品种，每亩种植密度 4 000～4 500 株。肥力较高适宜密植，肥力较差适当稀植。在低纬度和高海拔地区，适当密植。

（五）科学施肥

糯玉米应增施有机肥，均衡施用氮、磷、钾肥。每亩施用充分腐熟的优质厩肥 2 500～3 000 千克与复合肥 30～40 千克作基肥。2～3 片全展叶时施尿素 15 千克、氯化钾 20 千克，在离苗 6～10 厘米处开沟条施、施后覆土；8～9 片全展叶时轻追氮肥（尿素 10～15 千克）；10～11 片全展叶时重施攻穗肥（尿素 40～50 千克），并在追肥后及时浇水。

（六）去除分蘖，加强人工辅助授粉

在拔节后期应及时摘除无效分蘖，减少水分和营养消耗，促

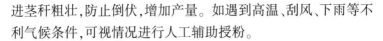

进茎秆粗壮,防止倒伏,增加产量。如遇到高温、刮风、下雨等不利气候条件,可视情况进行人工辅助授粉。

（七）适期采收

根据用途不同,适期采收。收获籽粒的,待籽粒完全成熟后收获;利用鲜果穗的,要在乳熟末期或蜡熟初期采收。

不同的品种最适采收期有差别,主要由"食味"来决定,一般春播以灌浆期气温在 30℃ 左右,授粉后 25 ~ 28 天采收为宜;秋播以灌浆期气温 20℃ 左右,授粉后 35 天左右采收期为宜。

第三节　爆裂玉米生产技术

爆裂玉米是玉米种中的一个亚种,是专门用来制作爆玉米花的专用玉米。其爆裂能力受角质胚乳的相对比例控制。

（一）选择适宜品种

选择千粒重在 130 克左右、膨爆率不低于 95%、膨爆倍数不低于 25 倍、抗逆好、产量高的品种。

（二）严格隔离

空间隔离参照甜玉米生产技术,错期播种为:春播要求错期 40 天以上,夏播错期 30 天以上。

（三）精细整地

爆裂玉米籽粒较小,出苗较弱,对播种质量要求较高,且生育期较长,对养分需求量高。要重视基肥的施用,以有机肥为主,配合磷、钾肥和少部分速效氮肥,每亩有机肥施用量 1 500 ~ 2 000 千克、尿素 10 ~ 15 千克、磷酸二铵 30 ~ 45 千克、氯化钾 15 ~ 20 千克。土地耕翻后要精细整地,耙平耙匀。

（四）分期播种

爆裂玉米因遗传因素及不良环境条件的影响,易产生雌雄花脱节现象,雌穗遇不良的自然条件,吐丝时间要比雄穗抽雄晚20天左右,为保证爆裂玉米的正常授粉结实,提高籽粒产量,种植过程中可采用分期播种的方式,即在同一地块先播下80%种子,其余20%可等15天左右再播1次,以此协调花期。适宜种植密度为每亩3 800~4 000株。

（五）科学追肥

在3叶期定苗后,每亩追肥量为:拔节前追施尿素8~10千克,大喇叭口期追施尿素15~18千克、磷肥10~12千克、钾肥5~6千克。

（六）杂草防治

玉米出苗前,使用乙阿合剂300~400克,对水30~40千克喷洒地表,进行化学除草。玉米苗3~4叶期,结合施苗肥进行浅中耕。7~8叶期结合追施穗肥深中耕除草。

（七）害虫防治

爆裂玉米主要害虫有玉米螟、大螟、蚜虫、地老虎等。及早采用低毒高效农药进行化学防治,或利用天敌害虫进行生物防治。

（八）适时采收

爆裂玉米最佳采收期比普通玉米略迟。当苞叶干枯松散,籽粒变硬发亮时,即为完熟期,可进行收获。摘回果穗后,晾晒至籽粒含水量在14%~18%时脱粒。

第四节　笋玉米生产技术

笋玉米是指以采摘刚抽花丝而未受精的幼嫩果穗为目的的一类玉米。笋玉米包括专用型笋玉米、粮笋兼用型笋玉米、甜笋兼用型笋玉米。

（一）选用良种、分期播种

选用多穗、早熟、耐密植，笋形细长，产量高、品质好的品种。采用地膜覆盖、育苗移栽、品种搭配等手段分期播种，延长采收期。

（二）精细整地、合理密植

笋玉米发芽能力弱，对整地质量要求较高，要求土壤足墒、深耕、细耙，南方最好作畦种植，土壤干湿适宜，播种深度在5厘米左右。春播可覆膜种植，夏播越早越好。每亩适宜密度为4 000~5 000株。

（三）肥水管理

每亩施用有机肥2 500~3 000千克和磷酸二铵40~50千克做基肥，尿素6~10千克做种肥，拔节期追施尿素20~30千克，遇到干旱要及时灌水。

（四）及时去雄

笋玉米的采收一般是雌穗抽丝前后几天，不需要授粉受精，应及时去雄，去雄时间在雄穗刚刚露出时进行。

（五）及时采笋

玉米笋品种在花柱伸出1~3厘米时即可采收，每隔1~2天采1次笋，7~10天可把笋全部采完。采笋时应特别注意不撕坏叶片或伤及茎秆，收获的笋及时进行加工处理。

第五节　青贮玉米生产技术

青贮玉米是指专门用于饲养家畜的玉米品种，按植株类型分为分枝多穗型和单秆大穗型，按其用途分为青贮专用型和粮饲兼用型。

（一）选地与整地

选择土层深厚、养分充足、疏松通气、保肥保水性能良好的壤土或沙质壤土。深翻深度 27～30 厘米，耕翻与施基肥同时进行，基肥每亩施用量为腐熟的有机肥料 3 000～5 000 千克。在一些土壤水肥条件较好、土质较为松软的田地上，前茬收获后，对地面的残茬处理完后，可进行免耕播种。

（二）品种选用

由于生产目的不同，青贮专用型玉米应选择生长旺盛、分蘖力强、株高、叶大、叶多、果穗既大又多，粗纤维含量较少，生育期在 100 天左右的品种。

（三）种子处理

选择成熟度好、粒大饱满、发芽率高、生活力强的种子。为了防治地下害虫，确保全苗壮苗，播前对种子进行浸种催芽或药剂拌种。

（四）种植密度

各地区应根据当地的地力、气候、品种等情况具体掌握种植密度。早熟平展型矮秆杂交种适宜密度每亩 4 000～4 500 株，中早熟紧凑型杂交种适宜密度每亩 5 000～6 000 株，中晚熟平展型中秆杂交种适宜密度每亩 3 500～4 000 株，中晚熟紧凑型杂交种适宜密度每亩 4 000～5 000 株。

（五）精细播种

当地温稳定在 8～10℃后可以播种，播种深度以 5～6 厘米最为适宜。通常行距为 60～70 厘米，用青贮收割机收获的地块，行距应与收割机的收割宽幅配套，播种方法可采用穴播，也可条播。每亩种肥施用量为尿素 7.5～10 千克、二铵 8～10 千克、氯化钾 7.5～10 千克，采取条施或穴施。

（六）苗期管理

当玉米叶片达到 2～3 片真叶时应该及时间苗，选留大小一致、叶片肥厚、茎秆扁而矮壮的苗，拔除病苗、弱苗和杂苗。在长出 5 片真叶时定苗，留苗密度视地力、品种特性等而定。

（七）中耕除草

在 6～7 片叶时结合追肥，中耕除草和培土。一般定苗后进行 2～3 次中耕除杂草。中耕一般控制在 3～4.5 厘米，避免伤根压苗。此时如发现仍有地下害虫，可用毒饵防除或喷洒 40% 乐果乳剂防治。

（八）追肥

分别在拔节与抽穗前进行追肥，每次每亩追施尿素 5～10 千克。

（九）灌溉

有条件的地区视墒情适时灌溉，每次追肥后应立即浇 1 次水，干旱时浇水，保持土壤持水量 70% 左右。

（十）培土

玉米经过数次中耕除草、追肥、灌水后有部分玉米根裸露地面，且在生长发育期间长出气生根时，应进行培土，保证玉米从土壤中吸收足够的养分，并防止倒伏。

（十一）收获

一般在蜡熟期或乳熟期收获，收获后及时切碎青贮。

第六节　优质蛋白玉米生产技术

优质蛋白玉米，又称高赖氨酸玉米或高营养玉米，是指蛋白质组分中富含赖氨酸的特殊型。

（一）种子处理

选择颗粒饱满，发芽率 90% 以上的健康种子，选择适宜的包衣剂拌种。

（二）隔离种植

主要采取空间隔离与障碍物隔离的方式，一般隔离距离不少于 200 米。

（三）一播全苗

精细整地，做到耕层土壤疏松、上虚下实。在当地日平均气温稳定在 12℃以上时直播。在春季干旱地区，必须灌好底水、施足底肥。播种深度不宜过深，以 3～5 厘米为宜。

（四）合理密植

种植密度要根据土、肥、水条件、品种特性及田间管理水平来确定。土质肥水条件较差的地块应适当稀植；土质肥水条件较好的地块和育苗移植地块，可适当密植，般每亩种植密度为3 000～4 000 株。

（五）科学施肥

每亩施用 3 000～4 000 千克有机肥、40～50 千克玉米专用复合肥做底肥，拔节期每亩追施尿素 10～12 千克、硫酸钾 8～10 千克，大喇叭口期每亩追施尿素 20～25 千克。

（六）中耕培土

苗期应进行浅中耕，拔节时应结合追肥进行深中耕，并浅培土，一般耕深 6～8 厘米。大喇叭口期追肥后浅中耕。

（七）防治病虫

苗期主要害虫为地老虎、蛴螬，成株期主要是玉米螟。应及早采用低毒高效农药进行化学防治，或利用天敌害虫进行生物防治。

（八）收获与贮藏

当果穗苞叶变黄,籽粒变硬,乳线消失至 2/3 处,可适时收获。收获后晾晒至籽粒含水量 18% 以下时脱粒,脱粒后再晾晒到水分降至 14% 时,入仓贮藏。

第七节　高油玉米生产技术

高油玉米是一种籽粒含油量比普通玉米高 50% 以上的玉米类型。普通玉米的含油量一般 4% ~ 5% ,而高油玉米含油量高达 7% ~ 10% ,有的可达 20% 左右。

（一）选用适宜的品种

根据不同生态区特点选择适宜的品种。

（二）适期早播

高油玉米生育期较长,籽粒灌浆较慢,应适期早播。一般在麦收前 7 ~ 10 天进行麦田套作或麦收后贴茬直播,也可采用育苗移栽的方法种植。

（三）合理密植

高油玉米每亩适宜密度为 4 000 ~ 4 500 株。

（四）科学施肥

每亩施有机肥 1 000 ~ 2 000 千克、磷酸二铵 15 ~ 18 千克、尿素 15 ~ 20 千克、硫酸钾 12 ~ 16 千克、硫酸锌 1 ~ 2 千克,苗期追施尿素 4 ~ 5 千克,小喇叭口期追施尿素 18 ~ 25 千克。

（五）化学调控

高油玉米植株偏高,容易倒伏,需适当采取化学调控措施,根据化学调控剂种类,选择适宜的生长时期喷施。

（六）其他管理

等同于普通玉米生产管理。

第八节　高淀粉玉米生产技术

高淀粉玉米是指玉米籽粒粗淀粉含量达 72% 以上的专用型玉米（农业部标准 NY/T 597—2002），以加工淀粉为主要目的。玉米淀粉是各种作物中化学成分最佳的淀粉之一，有纯度高、提取率高的特点，广泛用于食品、医药、纺织、造纸、化工等行业 500 多种产品，产品附加值超过玉米原值几十倍。根据 GB 1353—1999 标准规定，高淀粉玉米分为 3 个等级，分别为一等粗淀粉含量（干基）≥76%、二等粗淀粉含量≥74%，三等粗淀粉含量≥72%，而普通玉米的粗淀粉含量多在 60% ~71%。根据玉米籽粒中所含淀粉的比例和结构分为高支链淀粉玉米、高直链淀粉玉米和混合型高淀粉玉米 3 种类型。胚乳中直链淀粉含量在 50% 以上的玉米叫高直链淀粉玉米；将胚乳中支链淀粉含量占总淀粉的 95% 以上的玉米叫作高支链淀粉玉米（或糯玉米、蜡质玉米）。

（一）选择优良品种

选用优良的高淀粉玉米品种是关键技术措施之一，因为优良品种具有高产潜力大，品质好，淀粉含量高，抗逆性强，适应性广的基本特性。目前，普遍认可的优良品种有长单 26、长单 206、费玉 3 号等中熟品种，适宜在生育期 110 天左右地区种植利用。农大 364、济单 7 号、金山 12 号、武禾 1 号、通科 4 号、庆丰 969、哲单 21 等晚熟品种，适宜在生育期 130 天左右地区种植利用。

（二）合理密植

由于品种株型和耐密性不同而异,平展型品种如长单26,普通地力条件下种植密度3 000~3 500株/亩,高水肥地块可种植4 000株/亩;紧凑型品种比平展型品种每亩增加1 000株左右;半紧凑型品种比平展型品种每亩增加500株左右。株行距配比可参照普通玉米确定。

（三）精细播种

为了获得高产高效益,应当精细播种,确保苗全、苗齐、苗匀、苗壮,为丰产打好基础,使高产目标变为高产现实。

（四）加强田间管理

科学施肥,应根据土壤肥力水平和目标产量,坚持按需配方施肥,每生产100千克籽粒需要3千克纯氮,五氧化二磷1千克、氧化钾3千克的比例配方施肥,有条件的农户或地区可增施有机粪肥2 000~5 000千克/亩,超高产创建、高产开发或缺锌的地块应施硫酸锌肥1~1.5千克/亩,追肥时间和肥料数量分配一般是播种时种肥占总氮肥施用数量的10%左右;大喇叭口期追氮肥占总氮肥施用量的70%左右,吐丝开花期追氮肥占总氮肥施用量的20%左右。适时浇水,玉米地块灌溉与否,要因地、因时、因苗灵活掌握,整个生育期间保持地面湿润,田间持水量70%左右,特别是大喇叭口期到吐丝后3周内不能缺水,否则会导致雄穗抽不出来,影响散粉,或雌穗的小穗和小花数减少或败育,引起减产。搞好病虫草害防治,参见普通玉米防治方法与药剂。

（五）适当晚收

高淀粉玉米以收获籽粒为目的,应在玉米完全成熟后收获,有利于提高籽粒产量和质量。玉米完全成熟的标志是雌穗苞叶枯松黄色变白,籽粒坚硬呈现出该品种固有的颜色、含水量在

30%以下,乳线消失,黑色层出现,此时收获淀粉含量和产量最高。

第九节　药用、彩色玉米生产技术

药用玉米是一种非常珍稀的玉米品种,因其营养成分丰富,药用效果较高于普通玉米或上述 8 种特用玉米,据相关资料所述药用玉米,颗粒形似珍珠,有"黑珍珠"之称。玉米的品质虽优良特异,但棒小、粒少,亩产只有 50 千克左右。也有资料报道药用玉米,就是薏苡,又名薏米、药用米、回回米、六谷子、规五谷子等。其白如糯米,有黏性。其维生素 B_1 的含量较高,常用作酿酒、煮粥、配药等,具有利尿、健胃、去湿热、消水肿、而普通抗癌等功效,其根还具有驱虫作用。

彩色玉米,类型多样,黑玉米是目前天然黑色营养食品之合型高淀说有乌发、明目等功效。珍珠玉米,色彩斑斓,红、白、紫、褐、黄、颗粒晶莹透亮,众人喜爱特别是孩童,具有观赏、珍藏、馈赠亲朋等价值,具有一定的市场前景。

彩色玉米由于营养成分比普通玉米高,种植方法简单,适宜于鲜食和加工,经济效益一直是普通玉米的几倍甚至十几倍,近年来作为一项新兴的种植业,正在各地悄然兴起。因此,彩色玉米的种植与加工,被专家誉为中国未来具有广阔开发利用前景的农业项目之一。

(一)选择适宜对路品种

普通玉米本身就有一定的药用效果,若种植药用玉米,关键是要注意选择品质和药用成分含量较高的品种,如黑色玉米种黑色素、核黄素、维生素等含量较高,或者通过生产措施强化药用成分含量。

（二）规范化管理

在施肥数量、种类、方法等方面执行一定标准，确保产品质量，如富硒玉米生产、富赖氨酸玉米生产、高油玉米生产等。

第九章 现代玉米收获及加工技术

第一节 玉米收获与贮藏技术

一、普通玉米的收获与贮藏技术

(一)玉米成熟与收获时期的确定

玉米的成熟需经历乳熟期、蜡熟期、完熟期3个阶段。

(1)乳熟期。自乳熟初期至蜡熟初期为止。一般中熟品种需要 20 天左右,即从授粉后 16 天开始到 35～36 天止;中晚熟品种需要 22 天左右,从授粉后 18～19 天开始到 40 天前后;晚熟品种需要 24 天左右,从授粉后 24 天开始到 45 天前后。此期各种营养物质迅速积累,籽粒干物质形成总量占最大干物重的 70%～80%,体积接近最大值,籽粒水分含量为 70%～80%。由于长时间内籽粒呈乳白色糊状,故称为乳熟期。可用指甲划破,有乳白色浆体溢出。

(2)蜡熟期。自蜡熟初期到完熟以前。一般中熟品种需要 15 天左右,即从授粉后 36～37 天开始到 51～52 天止;中晚熟品种需要 16～17 天,从授粉后 40 天开始到 56～57 天止;晚熟品种需要 18～19 天,从授粉后 45 天开始到 63～64 天止。此期干物质积累量少,干物质总量和体积已达到或接近最大值,籽粒水分含量下降到 50%～60%。籽粒内容物由糊状转为蜡状,故称为蜡熟期。用指甲划时只能留下一道划痕。

（3）完熟期。蜡熟后干物质积累已停止，主要是脱水过程，籽粒水分降到30%~40%。胚的基部达到生理成熟，去掉尖冠，出现黑层，即为完熟期。

因玉米与其他作物不同，籽粒着生在果穗上，成熟后不易脱落，可以在植株上完成后熟作用。因此，完熟期是玉米的最佳收获期；若进行茎秆青贮时，可适当提早到蜡熟末期或完熟初期收获。正确掌握玉米的收获期，是确保玉米优质高产的一项重要措施。完熟期后若不收获，这时玉米茎秆的支撑力降低，植株易倒折，倒伏后果穗接触地面引起霉变，而且也易遭受鸟虫为害，使产量和质量造成不应有的损失。玉米是否进入完全成熟期，可从其外观特征上看：植株的中下部叶片变黄，基部叶片干枯，果穗苞叶成黄白色、而松散，籽粒变硬、并呈现出本品种固有的色泽。

（二）玉米安全藏的要求

玉米收获后，应按品种、质量分类，在籽粒含水量小于13%，粮温不超过30℃，于干燥、冷凉的环境中贮藏。玉米安全贮藏要求仓库干燥，通风凉爽，又便于密封，防潮隔热性能好。入库前将仓库清洁，保证无虫。籽粒在库内应按品种、质量分类，进行散装或包装堆放。藏期间要定期检查种子含水量，发现籽粒发热时，应立即翻仓晾晒。有的地方常利用玉米带穗搭架藏，可以减轻玉米的霉变发热，贮藏性能好。

二、甜、糯玉米的收获与贮藏技术

（一）甜、糯玉米的采收

普通玉米是在成熟期收获果穗脱粒，以籽料作饲料、工业原料和粮食。而甜、糯玉米则是在乳熟期采收鲜果穗，直接供应市场或速冻保鲜及加工各类罐头销售。为保证甜、糯玉米的食味品质,对采收期的时间要求十分严格,如采收过早,籽粒太嫩、水溶性多糖(WSP)含量低,风味差,产量也低。若采收过迟,籽粒老化、果皮厚,甜度下降,风味也差。只有在适宜的采收期采摘,甜、糯玉米才具有甜、嫩、黏、脆的特点,以及营养丰富、品质佳的市场需求优势。

(1)甜玉米采收适期。乳熟期是甜玉米鲜食和加工采收的关键时期。乳熟期是指甜玉米果穗籽粒的胚乳中的内含物,由清浆已逐渐变为乳白色的浑浆,并随着糖分向糊精的转化,胚乳变成如面团形状,用手指轻轻地掐籽粒不冒浆水,而是黏稠的半固化乳状物,可视作采收适时的形态标准。最简单的判断方法是直观形态法,具体做法是:一看果穗,苞叶基本呈绿色,果穗顶部花丝完全变成深褐色并未干萎;二掐籽粒,用手指掐果穗中上部籽粒,不冒出清浆,而是在籽粒表皮留下明显的指痕;三是品尝籽粒,即用手指剥下数颗籽粒,品尝甜味。品尝生、熟两种鲜穗,如被品尝是不同类的样本,每品尝一类后要用净水漱口,再进行另一类样本的品尝,并按甜、中等甜、不甜3种级差,记录甜味等级。这一方法要靠实践经验,把握采收适期的尺度,是一种简而易行的鉴别方法。

(2)糯玉米采收适期。糯玉米食用品质是与其籽粒所含的支链淀粉密切相关,在高温条件下支链淀粉转化较快,果皮也易变厚。糯玉米的适宜采收期,主要由食味决定,最佳食味期就是最适宜的采收期。对于用作鲜穗上市,或用作加工的果穗来说,正确地把握适期采收,是保证糯玉米达到高产和良好商品品质的关键。确定糯玉米的采收适期的方法,也可采用直观形态法,具体特征是:植株茎叶仍为青绿色,果穗花丝全变为深茶褐色,果穗苞叶稍微呈黄绿色。籽粒内胚乳随着失水,由糊状开始为蜡质状,故称蜡熟期。籽粒呈现该品种固有的形状和颜色,果皮硬度用手指仍可掐破,但指痕不明显。以上形态特征可视为鲜食糯玉米采收适期。

（二）新、糯玉米的贮藏

甜、糯玉米采摘下来的鲜果穗应尽早出售或加工,特别注意在运输和短暂贮藏时保持通风冷凉的环境,以保证品质。一般糯玉米比甜玉米较耐运输和贮藏。

第二节　玉米加工技术

一、甜玉米加工及贮藏方法

甜玉米穗除直接供应市场外,需要迅速加工,以保持甜玉米的高含糖量和鲜嫩程度。甜玉米产品有甜玉米罐速冻甜玉米、脱水甜玉米、甜玉米饮料等。

（一）甜玉米罐头

加工甜玉米罐头的主要设备有真空封罐机、蒸汽夹层锅、高压灭菌锅等。工艺技术要点如下。

（1）原料。要求采收成熟度适中的甜玉米穗,颗粒柔嫩饱满。

（2）剥皮、去丝。要求将外皮和穗丝去除干净。

（3）脱粒。是工艺中重要环节,采用机器脱粒,操作时要及时调整刀具中心孔基准,保证甜玉米粒完整,并及时清理脱粒机。

（4）清洗。要洗去碎的甜玉米粒及残留的穗丝、杂质。

（5）预煮。是加工的关键工序,目的是抑制甜玉米中酶活性及杀菌,并保持甜玉米特有色泽。一般可将甜玉米粒放入 90 ~ 95℃ 的水中煮约 5 分钟。接着是装罐、注汤汁、真空封罐、37℃ 保温检验、贴标、成品入库等工序。目前甜玉米罐头仅有企业标准,国家标准尚未制定。

（二）速冻甜玉米粒

速冻甜玉米粒前一部分与加工甜玉米罐头相近。预煮后的甜玉米粒经振动沥水，再进入速冻工序。冻结时要在极短的时间内通过0℃这一最大冰晶生成带，蒸后继续降温经速冻机速冻的甜玉米粒中心温度一定要达到－18℃以下，以利贮藏和运输。称量包装、检验、装箱等工序均在10℃以下的包装间进行。最后送入－18℃的低温库中贮藏，待售。

（三）甜玉米穗的贮藏

甜玉米穗不耐贮存，生产单位一般当天采收，当天加工。如果加工速度跟不上，可将甜玉米穗送入冷库贮藏，贮藏温度以0～4℃为好。含糖量快速下降和种皮变厚是甜玉米采收后品质劣变的主要现象，原因是呼吸作用消耗糖以及糖向淀粉转化两方面。据文献报道，在0℃下能保鲜6～8天，若改变贮藏环境的氧气和二氧化碳气体浓度，可有效地延长甜玉米的保鲜期。气调保鲜方法，包括塑料薄膜包装和多聚糖涂膜等。由甲壳素获得的壳聚糖，由于其良好的成膜性和生化特性，能防止腐败，又不会引起缺氧呼吸。它本身无毒、无味，又易分解，已成为果蔬保鲜的一种较理想的涂膜材料。

二、糯玉米加工及贮藏方法

糯玉米采收后通过降低贮存温度、缩短贮存时间来控制鲜玉米果穗的呼吸强度，可达到降低糖分降解速率、保证鲜玉米高品质的目的。由于鲜糯玉米的保鲜难度大，货架寿命短，保鲜产品注重一个"鲜"，强调一个"快"，因此要求原料从采收至杀菌完毕必须在8小时内完成，每一道工序都要抓紧时间。

（一）速冻和真空保鲜糯玉米果穗

将当天采收的带苞叶果穗剥去最外面的1～2层，去须去柄切去秃顶和病虫危害部分,然后清洗,蒸煮 12 分钟左右,用流动冷水冷却。水煮后沥干水分或加电风扇吹干。根据市场需要选用不同规格的塑料袋封装单穗、双穗或多穗,立即在 -30℃ 以下速冻 5～6 小时,然后转入 -10℃ 左右的冷库中冷藏,待随时出售。也可以将处理好的果穗直接进行真空包装,然后在常温下保存。经速冻或真空包装后的糯玉米,只需稍加温便可食用,可保持糯玉米原有的形态、色泽与风味,并满足在非生长季节人们对鲜食玉米的需求。

采收后的果穗要及时加工,不能久放,最好是当天采收当天加工,以保持糯玉米的新鲜香味和营养价值。工艺流程:鲜果穗→去苞叶→清洗(擦干)→水煮→冷却→沥干→封装→速冻→冷藏。

(二)糯玉米籽粒罐头

用糯玉米籽粒制作罐头,其适宜的硬度高与甜玉米,加工脱粒方便,破碎粒少,便于贮运,口味较佳,省工省料,效益较高。

糯玉米果穗采收后,先将苞叶和花丝去掉,然后用清水漂洗干净,经95℃预煮 10 分钟或100℃蒸汽蒸 15 分钟,完成定浆过程。蒸煮后用清水及时冷却,使穗轴温度降到25℃以下,捞出沥干。手工或机械脱粒,脱下的籽粒用40℃温水漂去浆状物、碎片、花丝及胚芽。然后装罐,装罐时玉米粒重与汤汁(20% 的蔗糖水或清水)重量的比例一般在 1:0.45 左右。在 53～60 千帕、100℃下排气 30 分钟后封灌,118℃下杀菌处理 20～30 分钟,即为成品。工艺流程为:原料→去苞叶→预煮→脱粒→装罐→配汤料→排气封灌→灭菌→成品。

(三)糯玉米羹罐头

加工工艺与整粒罐头基本相同。但代替脱粒工序的是切粒刮浆,然后在玉米糊中加相当于玉米糊重量 70% 的水、5% 的砂糖和1% 左右的精盐搅拌均匀,预煮 1～2 分钟后装罐。

（四）糯玉米饮料

在追求杂粮细吃的今天，许多消费者酷爱食用青穗玉米，但其青食时间短暂。将青穗糯玉米制作成饮料，不但保持了糯玉米原有的鲜美风味，还保持了糯玉米原有的营养成分，食之有助于预防胆固醇上升、减少动脉硬化、心肌梗塞等其他心血管疾病的发生，解决了糯玉米青食的季节性问题。

（1）采收原料。授粉后22～26天的糯玉米皮薄、味美，用于制作饮料最适宜。采收时间为凌晨低温时进行，采收后须立即进行整理或送冷库速冻保藏，以免夏秋季节气温较高引起变质。

（2）整理。采用人工或使用玉米苞衣剥除机除去苞衣、穗须，用高压水进行冲洗。

（五）分级

剔除采收时混入的不合加工要求的果穗。

（1）铲籽。用往复式玉米籽机切下籽粒，并刮去玉米轴上残留的浆液。

（2）打浆、细磨。切下的玉米籽及刮取的浆液经加入5倍重的水用打浆机打浆，筛孔直径为0.5毫米，除去玉米轴碎片及其他杂物。然后再用胶体磨进行细磨转入搅拌缸中待用。

（3）配料配方（供参考）。玉米浆10千克，白砂糖1.5千克，柠檬酸12克，复合乳化剂40克，异维生素C钠1克，乙基麦芽酚1.5克。调配方法：将粉未状稳定剂拌入砂糖中加温水溶解制成糖水，然后再将玉米浆与糖水、乙基麦芽酚等其他辅料调配，加水定容后用柠檬酸调整pH值为3.8。

（4）均质。将调配好的混合液预热至70℃，用高压均质机均质2次（均质机启动后压力逐渐调整至25兆帕，第二次压力为15～20兆帕，温度为65～70℃）。

（5）排气、灌装、杀菌、冷却。将浆液进行真空脱气，真空度为0.06~0.08兆帕,温度为60~70℃。用灌装压盖机组定量灌装并封口,然后送入杀菌锅中进行加热杀菌。杀菌完毕迅速投入流水中冷却或喷淋冷却,使温度尽快降至40℃以下。

(6)检测、贴标、装箱。待灌装容器外侧擦干或吹干后进行检测,合格者贴上标签进行装箱即为成品。

(六)用于酿造

糯玉米可以用来酿造白酒、黄酒和啤酒,不仅出酒明显高于普通玉米,而且产品质量、色泽和风味均大幅度提高,可以替代糯稻。

(七)加工淀粉和淀粉糖

以糯玉米为原料生产支链淀粉,省去了分离和变性工艺,从而大幅度提高淀粉产量和质量,降低生产成本,提高经济效益。支链淀粉是一种优质淀粉,其膨胀系数为直链淀粉的2.7倍,加热糊化后黏性高,强度大,可作为多种食品工业产品和轻工业产的原料。我国支链淀粉需要量大,而且主要靠进口,因此,用糯玉米为原料生产支链淀粉具有较好的市场发展前景。另外,利用糯玉米淀粉生产淀粉糖,可以简化工艺流程,更利于用酶法制糖取代酸法制糖,提高产品质量和产量。

三、其他玉米加工技术

(一)普通玉米的加工利用

玉米是大宗谷物中最适合作为工业原料的品种,其加工空间大,产业链长,具备多次加工增值的潜力,被誉为“软黄金”。

(1)玉米淀粉。玉米淀粉的提取,其中,最重要的步骤就是将玉米秆粒的各个化学成分进行有效分离—湿磨是目前玉米淀粉生产的唯一有效的方法。由于玉米籽粒硬度较大,因此首先要将其浸泡软化,以便于以后磨碎,并且在中间还要添加二氧化硫,利用它的性质,破坏包裹在淀粉表面的蛋白质网膜。然后通过一系列工艺过程,实现胚芽、纤维、麸质等的分离,最后剩下玉米粉,但由于湿淀粉不耐贮存,易变质,因此还必须利用一些方法迅速干燥,主要的脱水方式有:机械脱水、加热脱水、冷冻脱水。玉米淀粉经深加工后可得到许多产品,主要有以下几种。

①淀粉糖。淀粉糖在制药、饮料、食品中有很广泛的应用,要有:全糖、低聚糖、结晶葡萄糖、果葡糖浆、食用葡萄糖浆、麦芽糖、麦芽糊精等产品。

②淀粉化学加工制品。主要有变性淀粉和玉米淀粉塑料以及高吸水树脂。其中变性淀粉是玉米淀粉深加工的最新动向和最具力的产品,而玉米淀粉塑料和高吸水树脂是国内正在开发和研究的新产品。

③食用糖醇的生产。它是淀粉氢化的产物,具有代表性的产物有山梨醇和麦芽糖醇,他们进一步加工可生产表面活性剂、食品添加剂、油漆和牙膏等。

④淀粉发酵制品。如酒精、柠檬酸、酶制剂、赖氨酸、味精等各种产品。其中,用于酒精生产的淀粉最多。它主要是用淀粉糖化和葡萄糖三羧酸循环来完成的,在此过程中会有大量的玉米酒精糟液残留,这些糟液用途又主要集中于3个方面:一是生产沼气,糟液继续通过厌氧发酵产生沼气,提供一定数量的能源;二是用作饲料酵母培养基,它可有效改善饲料的质地、色泽、促进牲畜的消化吸收;三是用作普油生产。

⑤生产人造肉和人造鸡蛋。人造肉是以玉米淀粉为原料加人一种霉菌,加入肉味剂发酵制成,这种人造肉营养丰富,易消化;人造鸡蛋是以玉米淀粉、牛奶、维生素、各种盐、矿物质加工而成,非常适宜老年人和心血管病人食用。

(2)副产品再次利用。由上面的工艺可知,玉米淀粉的生产只利用了籽粒的49%,因此可以说,利用率较低,如何充分利用这一资源,将成本降到最低度,收益争取达到更高,目前主要有以下几种利用途径。

①玉米浸泡液的利用。由于玉米籽粒中的大部分可溶性成分在浸泡工序中都溶解于浸泡液中,一般浸泡液中含干物质6.7%,其中包括:可溶性多糖、可溶性蛋白质、氨基酸、肌醇磷酸等。从浸泡液中可提取植酸制取制取玉米浆。玉米浆既可以用作饲料,又可用作抗生素的提取。

另外,利用从淀粉乳中分离蛋白质时得到的黄浆水可生产出蛋白粉,玉米蛋白粉可当做饲料,也可提取醇溶蛋白、玉米黄色素和氨基酸等。

②玉米皮渣的利用。利用玉米渣的主要途径是作饲料,主要有以下几种方式:直接利用湿皮渣作饲料、干燥后生产配合饲料、利用玉米皮渣制饲料酵母。

③玉米淀粉副产品深加工的产品除以上几种外,还有食用氢化油、玉米蛋白酱、糖醋等。

(3)玉米食品加工。由于玉米含有特殊抗癌因子谷胱甘肽以及丰富的胡萝卜素和膳食纤维等,因此,利用现代食品工程技术生产多种多样的玉米食品。

①玉米薄片方便粥的加工。利用挤压技术使玉米产生一系列质构变化,并使其糊化,这样能赋予产品特殊的香味,并且在挤压膨化基础上进行粉碎造粒,压制成片,可制成复水性极好的玉米薄片粥,用水浸泡即可得到现成的玉米粥。

②玉米方便面的加工。采用湿法磨粉与挤压自熟的有效配合,可直接生产碗装或袋装的不需要油炸的玉米方便面,产品复水性好,口感好,面条韧滑且带有玉米特殊的口味,是极其市场潜力的方便食品。

③玉米饮料加工。玉米胚是玉米中营养价值最好的部分,集中了84%的脂肪、83%的矿物质、22%的蛋白质和65%的低聚糖,以玉米胚为原料加工的玉米饮料营养丰富,酸甜可口,具

有特殊玉米清香口味,它的加工工艺流程为:玉米胚→浸泡→磨浆→胶磨→调配→均质→脱气→灌装→杀菌。

④玉米酿制啤酒。用玉米来代替大麦酿酒,其品质与酒精体积分数为11%的大麦啤酒相当,并且成本低廉。

(二)爆裂型玉米的加工

爆裂型玉米在加热时可自动爆炸,爆裂型玉米花开头如同雪花一样,无渣,遇液体极易溶解,是一种高纤维、低热量的休闲食品。

(三)高赖氨酸玉米的加工

主要用于玉米食品的加工,弥补了普通玉米的营养缺陷,可以起到保健作用,对青少年的成长有很好的助长作用,主要产品有:玉米片,它可以像虾一样经过油炸,作为零食;玉米米,它是以去胚、去皮的细米面为原料膨化而成的人造米。

(四)高油玉米的加工

由于它含油量比一般玉米高8.2%以上,且含有61.9%的亚油酸,对消除体内的自由基,预防一部分疾病有良好疗效,因此国际上称之为保健油。

(五)黑玉米加工

(1)可制成各种风味罐头。

(2)黑玉米的轴、须、根、叶、粒都是常用中药。如玉米籽粒可调中开胃,益肺宁心,玉米须有健胃利尿之功效。

(3)可制成黑玉米保健粉。它的主要特点为:蛋白质含量高,被称为"黑色蛋白营养粉";含硒量高,被称为"富硒营养粉",它还可进一步被加工制成"黑玉米糕点""黑玉米面包""黑玉米米"。

(4)黑玉米保健醋。通过微生物作用进行糖化、液化、醋化等一系列工艺,最终得到富含多种营养成分的保健醋。

附录

附录一　玉米的优良品种

一、牡单 10

黑龙江省牡丹江农业科学研究所育成,1998 年通过黑龙江省农作物品种审定委员会审定。生育期 115～118 天,株高 250 厘米,穗位 90 厘米,雄穗分枝多,根系发达。抗倒伏,适应性强,抗病,活秆成熟。果穗圆柱形,穗长 23～28 厘米,穗行数 14～16 行,黄粒、半马齿型。出籽率 85%,百粒重 31 克。适应黑龙江省东部地区。

二、绥玉 6

黑龙江省绥化农业科学研究所育成,1996 年通过黑龙江省农作物品种审定委员会审定。生育期 115 天,株高 262 厘米,穗位高 125 厘米,抗大斑、丝黑穗病。穗长 26～31 厘米,穗行数 16～18 行,百粒重 38 克。适应黑龙江省第二积温带。

三、吉星 702

吉林省吉农高新技术发展股份有限公司北方农作物优良品种开发中心育成,2002 年通过吉林省农作物品种审定委员会审定。生育期 123 天,积温 2 650℃,中熟品种,含蛋白质 9.98%,脂肪 5.43%,淀粉 70.93%。每公顷产量 10 353 千克。适应区域为中熟区,密度为每亩 3 000～3 300 株。

四、吉农大 21

吉林农业大学育成,2003 年通过吉林省农作物品种审定委员会审定。生育期118 天,积温 2 240℃,中早熟品种,含蛋白质13.32%,脂肪4.77%,淀粉66.64%。每公顷产量 8 130千克。适应区域中早熟区,密度为每亩3 700~4 000株。

五、沈单 10

又名沈试29。沈阳市农业科学院育成,1998 年分别通过辽宁省农作物品种审定委员会、山西省农作物品种审定委员会和天津市农作物品种审定委员会审定;1999 年通过国家农作物品种审定委员会审定。生育期春播125~130 天,夏播108 天。株高280 厘米,穗位高110 厘米,穗长23 厘米,橙黄粒、半马齿型,百粒重40 克。高抗大小斑病、青枯病、丝黑穗病、耐病毒病。抗逆性强,抗旱、抗涝、耐高温。适应范围广,可在辽、冀、鲁、豫、陕、甘、宁、滇、京、津等地区推广。

六、沈单 16 号

辽宁省沈阳市农业科学院育成,2001 年通过辽宁省农作物品种审定委员会审定。2003 年通过国家农作物品种审定委员会审定。生育期127 天,属晚熟品种。株高280 厘米,穗位高118 厘米,穗行数16~18 行,株形为塔形,籽粒橙黄色、硬半马齿型,总淀粉含量为73.9%,粗蛋白质10.69%,粗脂肪4.45%,赖氨酸0.30%。接种鉴定大斑病0~1.0 级,小斑病0.5 级,丝黑穗病0%~6.4%,青枯病0%~3.3%,无黑粉病,抗逆性强,商品性好。适宜在辽宁省大部分地区种植,吉林南部、河北、云南、新疆等春播以及山东、河南、河北、新疆夏播区已广泛推广种植。

七、东单7

又名辽玉62。辽宁省东亚种子科学研究院玉米育种研究所育成,1998年分别通过辽宁省农作物品种审定委员会和河北省农作物品种审定委员会审定。1999年通过国家农作物品种审定委员会审定。生育期130天,株高259～271厘米,穗位高95～105厘米,果穗筒形,穗长20.2厘米,穗行数16～20行,籽粒黄色、马齿型,百粒重31.6～41.1克,出籽率86.2%,积温2 870℃以上春播玉米区种植。抗大斑病,中抗茎腐病,中感灰斑病。适宜在东北、西北、华北地区种植。

八、东单8号

辽宁省东亚种子科学研究院玉米育种研究所育成,2000年通过国家农作物品种审定委员会审定。幼苗叶鞘紫色,叶片深绿色,生长势强。株高290厘米,穗位高126厘米,株型紧凑,叶片数20～21片。果穗长筒形,穗长20.5厘米左右,穗粗5.4厘米,穗行数16～20行,白轴,籽粒黄色、马齿型,百粒重38.5克,出籽率85.4%。全生育期≥10℃有效积温2 900℃,属晚熟品种。含粗淀粉70.41%,粗蛋白质10.16%,粗脂肪4.73%,赖氨酸0.38%。较抗倒伏、耐涝,抗高温、干旱性一般,抗玉米大、小斑病,抗茎腐病、丝黑穗病。适宜在辽宁及华北东部、西北春玉米区地区种植。

九、东单13号

辽宁省东亚种子科学研究院玉米育种研究所育成,2001年通过国家农作物品种审定委员会审定。生育期128天,属晚熟品种。株高295厘米,穗位高125厘米,株型紧凑,穗长20.2厘米左右,穗行数18～20行,百粒重37.6克,出籽率86.6%。总淀粉含量为72.28%,粗蛋白质8.99%,粗脂肪4.88%,赖氨酸0.32%。接种鉴定大斑病0.5级,小斑病0～0.5级,丝黑穗病0%～15.9%,青枯病0%～4.60%,黑粉病5.8%～8.0%。适宜在东北、华北、西北种植掖单 13 的地区种植。

十、东单 60 号

辽宁省东亚种子科学研究院玉米育种研究所育成,2003 年通过国家农作物品种审定委员会审定。生育期 130 天,属晚熟品种。株高 290 厘米,穗位高 128 厘米,株型较紧凑,穗长 19.8 厘米,穗行数 18~22 行,籽粒黄色、马齿型,百粒重 35.9 克。总淀粉含量为 73.5%,粗蛋白质 10.41%,粗脂肪 3.55%,赖氨酸 0.38%。接种鉴定大斑病 0 级,小斑病 0~0.5 级,丝黑穗病 1.0%~2.3%,青枯病 1.0%~4.9%,较抗倒伏、抗旱。适宜在辽宁大部分地区种植。

十一、龙单 14 号

又名黑 309。黑龙江省农业科学院玉米研究中心育成,并通过黑龙江省农作物品种审定委员会审定。株高 250 厘米,穗位高 92 厘米,叶片狭长,株型收敛、清秀,成株健壮,秆强抗倒伏。果穗圆柱形,苞叶略短。平均穗长 23 厘米,穗粗 5.0 厘米,籽粒排列整齐,穗行数 16~20 行,橙黄色籽粒、马齿型、粒大而长,穗轴较细,百粒重 40 克。抗丝黑穗病,接种鉴定 0.23%。每公顷产量 9 000 千克。品种较喜肥水,适宜中上等肥力地块,密度为每亩 3 000~3 300 株。

十二、龙单 18

黑龙江省农业科学院玉米研究中心育成,1999 年通过黑龙江省农作物品种审定委员会审定。生育期 107 天左右,有效积温 2 238℃,株高 230 厘米,穗位高 92 厘米,株型较收敛,花丝红色。果穗圆柱形,穗长 22~23 厘米,苞叶略短,穗粗 4.6 厘米,百粒重 32 克左右,穗轴红色、橙黄色粒,籽粒类型中间偏硬、品质好,含蛋白质 12.0%,淀粉 72.7%,脂肪 4.8%,赖氨酸 0.33%。抗倒伏,抗旱性强,抗青枯病,中感大斑病(接种鉴定 3 级),抗黑穗病(接种鉴定 13.3%),抗黑粉病。适应地区在 5 月上旬播种,种植密度每亩 3 200 ~ 3 500 株。适宜在黑龙江省第三积温带下限及第四积温带上限种植。

十三、海禾 1 号

辽宁省海城市种子公司选育,1999 年通过国家农作物品种审定委员会审定。生育期在西南春播为 111 天左右。株高 255 ~ 300 厘米,穗位高 100 厘米。株型半紧凑,根系发达,青枝绿叶,活秆成熟。果穗长筒形,穗长 20 ~ 26 厘米,穗粗 5 ~ 6 厘米,穗行数 18 ~ 20 行,百粒重 37 克,籽粒黄色、马齿型,穗轴白色。籽粒含粗蛋白质 10.18%,赖氨酸 0.24%,粗脂肪 4.67%,粗淀粉70.37%。抗旱、抗涝,高抗大斑病、丝黑穗病、抗茎腐病。在辽宁生育期为 130 天左右。每公顷产量 12 000 千克。中等肥力保苗 2 800 株每亩,高水肥地区种植密度 3 000 株每亩。适应晚熟区种植。

十四、海禾 2 号

辽宁省海城市种子公司育成,1999 年通过国家农作物品种审定委员会审定。株高 310 厘米,穗位高 130 厘米。穗长 28 厘米,穗行数 16 ~ 18 行,百粒重 37 克,籽粒黄色、马齿型。抗病、抗旱、抗涝,青枝绿叶,活秆成熟。生育期 130 天。每公顷产量9 690 千克。大果穗型杂交种保苗 2 800 株每亩,肥水充足,增产潜力大。适应晚熟区种植。

十五、京早 10 号

北京市农林科学院作物研究所育成,1995 年通过北京市农作物品种审定委员会审定。属早熟品种。北京夏播生育期 98天左右,比掖单 4 号早熟 4 ~ 5 天。籽粒粗蛋白质含量 9.7% ~9.8%。抗大小斑病、褐斑病和青枯病。抗倒伏能力强,紧凑株型,株高 250 厘米,穗位高 97 厘米。果穗长筒形,籽粒黄色、半硬粒型,穗长 17～18 厘米,穗行数 14～16 行,不秃尖,穗粒数 400～500 粒,粒大,百粒重 32 克。适应地区主要是北京、天津、以及河北省唐山、秦皇岛、承德、张家口等地区,山西晋北地区,南方秋玉米区和华南冬玉米区。

十六、京早 13

由北京市农林科学院玉米研究中心育成,2000 年通过北京市农作物品种审定委员会审定,2003 年通过国家农作物品种审定委员会审定。在北京平原区夏播生育期为 93 天左右,属早熟种。全株叶片 20 片,株高 240 厘米,穗位高 95 厘米,穗行数 16～18 行。籽粒金黄色、硬粒型,穗轴红色,结实性好,无秃尖,行粒数稳定在 35 粒左右,穗粒数 560 粒左右,千粒重 250～300 克,单穗粒重 120～150 克,出籽率81.5%。中感至抗大斑病,中抗至抗小斑病,中感至中抗弯孢菌叶斑病,抗矮花叶病。粗蛋白质含量高达 11.25%,含粗脂肪4.47%,粗淀粉70.92%,赖氨酸含量 0.36%。适宜京、津、唐地区夏播,在内蒙古、辽宁、甘肃、宁夏、湖北、陕西、新疆等地春播。

十七、冀单 29 号

河北省农林科学院粮油作物研究所育成,1996 年通过河北省农作物品种审定委员会审定,1998 年通过国家农作物品种审定委员会审定。生育期 100 天,株高 250 厘米,穗位高 100 厘米,果穗筒形,穗长 20 厘米,百粒重 36 克,出籽率87.8%。高抗大小斑病、青枯病和粗缩病。适宜在河北、云南等地种植。

十八、农单 5

河北农业大学育成,2001 年通过国家农作物品种审定委员会审定。生育期夏播 105 天。株高 260 厘米,穗位高 120 厘米,果穗粗筒形,穗长 18 厘米,穗行数 18 行,百粒重 33 克。抗大小斑病、矮花叶病和黑粉病,抗倒伏。适宜在黄淮海地区夏播或套播,在华北地区春播。

十九、鲁单 6003

山东省农业科学院玉米研究所育成,2004 年通过山东省农作物品种审定委员会审定。株高 270 厘米,穗位高 100 厘米,株型紧凑,济南生育期 98 天。穗长 20 厘米,穗粗 5.6 厘米,穗行数 16 行,每行 40 粒,轴粗 3.2 厘米,白轴。籽粒黄色、马齿型,平均千粒重 370 克,2001 年济南点试验千粒重高达 400 克。抗小斑病和弯孢菌叶斑病,高抗黑粉病和矮花叶病,中抗茎腐病,抗玉米螟。籽粒容重 741 克/升,粗蛋白质含量 10.16%,粗脂肪含量 3.48%,粗淀粉含量 73.41%,赖氨酸含量 0.31%。种植密度为每亩 3 500 ~ 3 800 株。

二十、鲁单 9002

山东省农业科学院玉米研究所育成,2004 年通过山东省农作物品种审定委员会审定,2005 年先后通过河南省农作物品种审定委员会和北京市农作物品种审定委员会审定。株型紧凑。夏播生育期济南点 100 天。中等肥力水平下,株高 248.6 厘米,穗位高 98 厘米。果穗大小均匀、无空秆。果穗柱形,穗长 21 厘米,穗粗 5 厘米,穗行数 14 ~ 16,行粒数 40。白轴,籽粒为黄色、淡黄色、半马齿型。千粒重 330 克,出籽率 87%。种植密度为每亩 4 000 ~ 4 500 株。

二十一、鲁单 9006

山东省农业科学院玉米研究所育成,2004 年通过山东省农作物品种审定委员会审定。株型紧凑。果穗大小均匀,无空秆。在山东省夏播生育期 99 天。株高 270 厘米,穗位高 114 厘米。果穗筒形,穗长 16.6 厘米,穗粗 5.1 厘米,平均穗行数 15,行粒数 32.3。红轴,籽粒黄色、淡黄色、半硬粒型,千粒重 345.1 克,容重 753.2 克/升,出籽率 85%。种植密度为每亩 4 000 ~ 4 500 株。

二十二、鲁单 6018

山东省农业科学院玉米研究所育成,2005 年通过山东省农作物品种审定委员会审定。夏播生育期 98 天左右。株型半紧凑型,株高 285 厘米左右,穗位高 120 厘米。抗倒伏,高抗玉米锈病、大小叶斑病、黑粉病、矮花叶病、弯孢菌叶斑病。果穗大小均匀,结实性好,穗长 20 厘米,穗粗 5.0 厘米,穗行数 14 行,籽粒黄色、半马齿型,穗粒数 500 粒左右,出籽率 86%,千粒重 320 克,容重 752 克/升。一般密度每亩为 4 000 ~ 4 500 株。

二十三、鲁单 8009

山东省农业科学院玉米研究所育成,2005 年通过山东省农作物品种审定委员会审定。株型紧凑,幼苗叶鞘紫色,生育期平均 100 天,株高平均 270 厘米,穗位平均高 106 厘米,较抗倒伏。全株叶片数 20 片,花丝红色,花药紫色。果穗圆柱形,果穗长 21 厘米,穗粗 5.0 厘米,结实性好,穗行数 14 ~ 16 行,穗粒数 588 粒,穗轴白色,籽粒黄白色、半马齿型,出籽率 84.2%,千粒重 361 克。抗大斑病、小斑病和黑粉病,高抗矮花叶病毒病、粗缩病、玉米弯孢菌叶斑病,较耐旱。籽粒粗蛋白质含量 10.38%,粗脂肪 4.22%,粗淀粉 72.53%,赖氨酸 0.31%,容重 736 克/升。种植密度为每亩 3 500 株左右。

附录二 玉米生产中禁止使用的农药

无公害蔬菜生产上禁止使用的农药有:杀虫脒、氰化物、磷化铝、六六六、滴滴涕、氯丹、甲拌磷(3911)对硫磷(1605)甲胺磷、甲基对硫磷(甲基 1605)、内吸磷(1059)苏化 203、杀螟磷、多效磷、磷胺(大灭虫)、异丙磷、三硫磷、氧化乐果、磷化锌、克百威(呋喃丹)、水胺硫磷、内吸磷、灭线磷、硫环磷、蝇毒磷、地虫硫磷、氯唑磷、苯线磷、甲基异硫磷、三氯杀螨醇、涕灭威、灭多威、氟乙酰胺、有机汞制剂、砷制剂、溃汤净、五氯酚钠等高毒、高残留农药。

附录三　玉米种子质量标准（表 1、表 2）

表 1　玉米种子质量标准（GB 4404. 1—2008）　　单位：%

作物名称	种子类别		纯度不低于	净度不低于	发芽率不低于	水分不高于
玉米	常规种	原种大田用种	99.9 97.0	99.0	85.0	13
	自交种单交种	原种大田用种 大田用种	99.9 99.0 96.0	99.0	80.0	13
	双交种	大田用种	95.0	99.0	85.0	13
	三交种	大田用种	95.0			

注：长城以北和高寒地区的种子水分允许高于 13%，但不能高于 16%。若在长城以南（高寒地区除外）销售，水分不能高于 13%

种子包装要求：玉米种子的包装应符合国家的规定。包装袋上应注明作物名称、种子类别和种子净含量。包装袋内或外应附有种子标签，标签上注明作物名称、种子类别、品种名称和品种审定编号、产地和生产时间、产地检疫证明或证书编号、种子净含量、种子质量（发芽率、纯度、净度和水分）、生产商名称和生产许可证编号、联系地址和电话等内容。

表 2　玉米种子保存利用年限

作物	新种子外观	陈种子外观	种子保存利用年限
玉米	种子色泽较鲜艳、表皮光滑	陈种子颜色较暗，胚部较硬，用手掐胚部角质较少，粉质较多。易被米象等虫蛀，往往胚部有细圆孔，将手伸进种子袋里面抽出时，手上有细粉末	以当年生产的种子活力最高，发芽势最强，一般保存期 3 年以下

附录四 玉米田间试验记载项目和标准

一、生育期与生育时期

（1）播种期。播种当天的日期，以月/日表示。

（2）出苗期。全区苗高 2~3 厘米的幼苗达 50% 以上的日期。

（3）拔节期。全区 50% 以上植株基部茎节开始伸长，手摸茎秆基部能感到节的日期。

（4）大喇叭口期。全区 50% 以上的植株上部叶片（棒三叶）甩开呈现喇叭口形的日期。

（5）抽雄期。全区有 50% 以上植株雄穗尖端露出顶叶 3~5 厘米的日期。

（6）吐丝期。全区有 50% 以上的植株雌穗花丝伸出苞叶 2 厘米左右日期。

（7）成熟期。全区 90% 以上的植株籽粒硬化，在籽粒基部出现糊粉层，乳线消失，并呈现出品种固有的颜色和光泽的日期。

（8）生育期。从播种至成熟时所经历的天数，（或出苗至成熟所经历天数）。

二、生长发育状况

（1）植株高度。选取有代表性的植株 10~20 株，抽雄前把叶拉直的最高点到地面的距离或量自然高度；抽雄后测定从地面至雄穗顶部的高度。一般在乳熟期调查，以厘米表示。

（2）茎粗。选有代表性植株 10~20 株，测定近地面第三节间扁圆一面的直径，以厘米表示。

（3）穗位高度。从地面至成熟果穗着生节位的距离，以厘米表示。

（4）展开叶数。露出叶环的叶片数。

（5）可见叶数。拔节前心叶露出 1~2 厘米,拔节后露出 5 厘米的叶片数。

（6）单株叶片数。一株玉米上叶片总数。

（7）单叶叶面积 $A = LW \times 0.75$

式中:A 为叶面积(平方厘米);L 为叶长(厘米),即从叶环至叶尖的长度;W 为叶宽(厘米),即叶片最宽处;0.75 为系数。

（8）叶面积指数 = 平均单株绿叶面积(平方厘米) × 单位土地面积内株数/单位土地面积(平方厘米)

三、测产及考种指标

（1）空秆率。收获时计数全区空秆(果穗含籽粒在 30 粒以下)株数占总株数的百分比(%)。

（2）双穗率。收获时计数全区结双穗的株数占总株数的百分比(%)。

（3）籽粒产量。将小区内全部果穗风干到恒重,脱粒称重,折算成每公顷产量(千克/公顷)。如果小区内缺株数不超过 5% 时,不算缺株;超过 5% 时,不收缺株穴的相邻植株,用实收平均单株产量补上缺株产量。如果缺株超过 10%,本区测产无效。

（4）经济系数。籽粒干重与植株干重的比值。取有代表性植株 20 株充分风干后测定。

（5）穗长(厘米)。收获后取有代表性的果穗 10 穗,测量穗长(含秃顶),求平均值。

（6）穗粗(厘米)。将已测穗长的果穗,用卡尺量其中部的直径,求平均值。

（7）秃顶长度(厘米)。在测穗长的同时,量出穗顶部未结粒处长度,求平均值。

（8）穗行数。将测穗长的果穗,计数果穗中部子粒行数,求平均值。

（9）行粒数。将测穗长的果穗,每穗数一行的粒数,求其平均值。

(10)百粒重(克)。取干燥种子3份,每份数100粒称重,求其平均值。

(11)出籽率。籽粒干重占果穗干重的百分比。

(12)倒伏率(根倒)。倒伏倾斜度大于45°者作为倒伏指标,以%表示。

(13)倒折率(茎折)。抽雄后,果穗以下部位折断的植株占全区株数的百分比。

(14)株型。抽雄后目测,分平展、半紧凑、紧凑型记载。

(15)粒色。分黄、白、红、黄白4色。

(16)粒型。分硬粒型、半硬粒型、马齿型3种。

(17)穗粒重。以5~10个代表性果穗脱粒,求其平均数,单位为克。

四、品种抗病虫性鉴定调查标准

(1)茎腐病、丝黑穗病。乳熟期调查发病株数,以%表示。病害级别根据发病株率划分(表1)。

表1　茎腐病、丝黑穗病病害级别及抗性评价

分级	描述(茎腐病)	描述(丝黑穗病)	抗性评价
1	病株率0~1.0	病株率0~1.0	高抗 HR
3	病株率1.1~5.0	病株率1.1~5.0	抗 R
5	病株率5.1~20.0	病株率5.1~20.0	中抗 MR
7	病株率20.1~40.0	病株率20.1~40.0	感 S
9	病株率40.1~100	病株率40.1~100	高感 HS

(2)大小斑病。在乳熟期根据植株的发病情况,分0、0.5、1、2、3、4、5七级。

0级:全株叶片无病斑。

0.5级:全株叶片有少量病斑(占总叶面积的1%左右)。

1级:全株叶片有少量病斑(占总叶面积的5%~10%)。

2 级:全株叶片有中量病斑(占总叶面积的 10% ~20%)。

3 级:植株下部叶片有多量病斑(占总叶面积 50% 以上)。出现大量枯死现象,中上部叶片有中量病斑(占总叶面积 10% ~25%)。

4 级:植株下部叶片病枯;中部叶片有多量病斑,出现大片枯死现象;上部叶片有中量病斑。

5 级:全株基本枯死。

(3)玉米螟危害调查,以% 表示。玉米螟抗性鉴定(抗性评价依据心叶期玉米螟为害级别的平均值划分,虫害级别根据玉米螟幼虫在心叶上取食后叶片虫孔直径大小确定)(表2)。

表2 玉米螟抗性鉴定及螟级别

分级	描述	抗性评价
1	心叶期虫害级别平均为 1.0 ~2.9	高抗 HR
3	心叶期虫害级别平均为 3.0 ~4.9	抗 R
5	心叶期虫害级别平均为 5.0 ~6.9	中抗 MR
7	心叶期虫害级别平均为 7.0 ~7.9	感 S
9	心叶期虫害级别平均为 8.0 ~9.0	高感 HS

附录五 农田灌溉用水水质标准

为贯彻执行《中华人民共和国环境保护法》,防止土壤、地下水和农产品污染,保障人体健康,维护生态平衡,促进经济发展,特制定本标准。本标准的全部技术内容为强制性。

本标准将控制项目分为基本控制项目和选择性控制项目。基本控制项目适用于全国以地表水、地下水和处理后的养殖业废水及以农产品为原料加工的工业废水为水源的农田灌溉用水;选择性控制项目由县级以上人民政府环境保护和农业行政主管部门,根据本地区农业水源水质特点和环境、农产品管理的需要进行选择控制,所选择的控制项召作为基本控制项目的补充指标(表1、表2)。

表1　农田灌溉用水水质基本控制项目标准值

序号	项目类别	作物种类		
		水作	旱作	蔬菜
1	五日生化需氧量/(mg/L) ≤	60	100	40,15
2	化学需氧量/(mg/L) ≤	150	200	100,60
3	悬浮物/(mg/L) ≤	80	100	60,15
4	阴离子表面活性剂/(mg/L) ≤	5	8	5
5	水温/℃ ≤	25		
6	pH 值	5.5~8.5		
7	全盐量/(mg/L) ≤	1 000(非盐碱土地区),2 000(盐碱土地区)		
8	氯化物/(mg/L) ≤	350		
9	硫化物/(mg/L) ≤	1		
10	总汞/(mg/L) ≤	0.001		
11	镉/(mg/L) ≤	0.01		
12	总砷/(mg/L) ≤	0.05	0.1	0.05
13	铬(六价)/(mg/L) ≤	0.1		
14	铅/(mg/L) ≤	0.2		
15	粪大肠菌群数/(个/100mL) ≤	4 000	4 000	2 000,1 000
16	蛔虫卵数/(个/L) ≤			

表2　农田灌溉用水水质选择性控制项目标准值

序号	项目类别	作物种类		
		水作	旱作	蔬菜
1	铜/(mg/L) ≤	0.5	1	
2	锌/(mg/L) ≤	2		
3	硒/(mg/L) ≤	0.02		
4	氟化物/(mg/L) ≤	2(一般地区),3(高氟区)		

序号	项目类别	作物种类		
		水作	旱作	蔬菜
5	氰化物/（mg/L）≤	0.5		
6	石油类/（mg/L）≤	5	10	1
7	挥发酚/（mg/L）≤	1		
8	苯/（mg/L）≤	2.5		
9	三氯乙醛/（mg/L）≤	1	0.5	0.5
10	丙烯醛/（mg/L）≤	0.5		
11	硼/（mg/L）≤	1（对硼敏感作物），2（对硼耐受性较强的作物），3（对硼耐受性强的作物）		

附录六　玉米品种主要指标

1　普通玉米

1.1　丰产性、稳产性

每年区域试验产量比对照品种增产≥5.0%（或比参试品种产量平均值增产≥3.0%），生产试验比对照品种增产≥3.0%。每年区域试验、生产试验增产试验点比例≥70%。

适宜机械化收获的普通玉米，每年区域试验、生产试验产量比对照品种增产≥0.0%。每年区域试验、生产试验增产试验点比例≥50%。

1.2　抗倒性

每年区域试验、生产试验倒伏倒折率之和≤8.0%，且倒伏倒折率之和≥10.0%的点次比例≤20%。

适宜机械化收获的普通玉米，每年区域试验、生产试验倒伏倒折率之和≤3.0%。

1.3　品质

容重≥710克/升，粗淀粉含量（干基）≥69.0%，粗蛋白含量(干基)≥8.0%,粗脂肪含量(干基)≥3.0%。

1.4 抗病性

1.4.1 东北华北春玉米区、东北中熟春玉米区、东北早熟春玉米区、极早熟春玉米区

丝黑穗病在所有试点的平均田间自然发病株率≤3.0%,单点发病株率≤15.0%,发病株率5%~15%的试点比率≤10.0%,田间人工接种发病株率≤25.0%;大斑病和茎腐病(极早熟春玉米区大斑病)田间人工接种或自然发病非高感。

1.4.2 西北春玉米区

茎腐病田间人工接种或自然发病非高感。

1.4.3 黄淮海夏玉米区

小斑病和茎腐病田间人工接种或自然发病非高感。

1.4.4 西南玉米区

纹枯病、穗腐病、大斑病和丝黑穗病田间人工接种或自然发病非高感。

1.4.5 东南玉米区

纹枯病、茎腐病田间人工接种或自然发病非高感。

1.5 生育期

1.5.1 东北华北春玉米区、东北中熟春玉米区、东北早熟春玉米区、极早熟春玉米区、西北春玉米区

每年区域试验生育期比对照品种晚熟≤2.0天。

1.5.2 黄淮海夏玉米区

每年区域试验生育期平均比对照品种晚熟≤3.0天。

适宜机械化收获的普通玉米,每年区域试验生育期比对照品种早熟≥2.0天。收获时籽粒含水量≤25%,穗位整齐,苞叶松紧适中;亩适宜密度≥4 500株。

2 高淀粉玉米、糯玉米(干籽粒)、高油玉米、高赖氨酸玉米

2.1 丰产性、稳产性

2.1.1 对照品种为同类型品种

每年区域试验产量比对照品种增产≥5.0%(或比参试品种产量平均值增产≥3.0%),生产试验比对照品种增产≥3.0%。

每年区域试验、生产试验增产试验点比例≥70%。

2.1.2 对照品种为普通玉米

每年区域试验、生产试验产量比对照品种减产≤3.0%。

每年区域试验、生产试验比对照品种减产≤3.0%的试验点比例≤50%。

2.2 抗倒性

每年区域试验、生产试验倒伏倒折率之和≤10.0%。

2.3 品质

2.3.1 高淀粉玉米

粗淀粉(干基)含量≥75.0%。

2.3.2 糯玉米(干籽粒)

粗淀粉含量(干基)≥69.0%,支链淀粉(干基)占粗淀粉总量比率≥97.0%。

2.3.3 高油玉米

粗脂肪(干基)含量≥7.5%。

2.3.4 高赖氨酸玉米

赖氨酸(干基)含量≥0.4%。

在上述基础上,品质比同类型对照品种每提高一个等级,增产幅度可以降低3个百分点。

2.4 抗病性

2.4.1 东北华北春玉米区、东北中熟春玉米区、东北早熟春玉米区、极早熟春玉米区

丝黑穗病在所有试点的平均田间自然发病株率≤3.0%,单点发病株率≤15.0%,发病株率5%~15%的试点比率≤10.0%,田间人工接种发病株率≤25.0%;大斑病和茎腐病(极早熟春玉米区大斑病)田间人工接种或自然发病非高感。

2.4.2 西北春玉米区

茎腐病田间人工接种或自然发病非高感。

2.4.3 黄淮海夏玉米区

小斑病和茎腐病田间人工接种或自然发病非高感。

2.4.4 西南玉米区

纹枯病、穗腐病、大斑病和丝黑穗病田间人工接种或自然发病非高感。

2.4.5 东南玉米区

纹枯病、茎腐病田间人工接种或自然发病非高感。

2.5 生育期

2.5.1 东北华北春玉米区、东北中熟春玉米区、东北早熟春玉米区、极早熟春玉米区、西北春玉米区

每年区域试验生育期比对照品种晚熟≤2.0天。

2.5.2 黄淮海夏玉米区

每年区域试验生育期平均比对照品种晚熟≤3.0天。

3 鲜食甜玉米、糯玉米

3.1 丰产性、稳产性

3.1.1 外观品质和蒸煮品质评分之和与对照品种(85分)相当(84.1～85.9分)

每年区域试验、生产试验,鲜穗产量平均比对照品种增产≥5.0%。

每年区域试验、生产试验增产试验点比例≥60%。

外观品质和蒸煮品质评分之和与对照品种相当,且比对照品种早熟≥5.0天的品种,每年区域试验、生产试验鲜穗产量平均比对照品种减产≤20.0%;每年区域试验、生产试验增产试验点比例≥20%。

3.1.2 外观品质和蒸煮品质评分之和优于对照品种(86.0～87.9分)

每年区域试验、生产试验,鲜穗产量平均比对照品种减产≤5.0%。

每年区域试验、生产试验增产试验点比例≥40%。

3.1.3 外观品质和蒸煮品质之和明显优于对照品种(88.0~89.9分)

每年区域试验、生产试验,鲜穗产量平均比对照品种减产≤10.0%。

每年区域试验、生产试验增产试验点比例≥20%。

3.1.4 外观品质和蒸煮品质评分之和≥90分

每年区域试验、生产试验,鲜穗产量平均比对照品种减产≤15.0%。

每年区域试验、生产试验增产试验点比例≥20%。

3.2 抗倒性

每年平均倒伏倒折率之和≤10.0%。

3.3 品质

3.3.1 甜玉米

可溶性总糖含量≥10.0%;外观品质和蒸煮品质评分之和≥84.1分。

3.3.2 糯玉米(干籽粒)

一般类型:直链淀粉(干基)占粗淀粉总量比率≤3.0%。

甜加糯型(同一果穗上同时存在甜和糯两种类型籽粒,属糯玉米中的一种特殊类型):直链淀粉(干基)占粗淀粉总量比率<10.0%。

外观品质和蒸煮品质评分之和≥84.1分。

3.4 抗病性

3.4.1 东北华北春玉米区

丝黑穗病所有试点平均,田间自然发病株率≤3.0%,单点发病株率≤15.0%,发病株率5%~15%的试点比率≤10.0%,田间人工接种发病株率≤25.0%。

3.4.2 黄淮海夏玉米区

瘤黑粉病田间人工接种或自然发病非高感。

3.4.3 西南玉米区

纹枯病田间人工接种或自然发病非高感。

3.4.4　东南玉米区

纹枯病田间人工接种或自然发病非高感。

3.5　生育期

与对照品种相当。

4　青贮玉米

4.1　丰产性、稳产性

每年区域试验、生产试验生物产量平均比对照品种增产≥5.0%。

每年区域试验、生产试验增产试验点比例≥70%。

4.2　抗倒性

每年平均倒伏倒折率之和≤10.0%。

4.3　品质

整株中性洗涤纤维含量≤55%、酸性洗涤纤维含量≤29%、粗蛋白含量≥7%、淀粉含量≥15%。

4.4　抗病性

4.4.1　北方春玉米区

丝黑穗病所有试点平均,田间自然发病株率≤3.0%,单点田间自然发病株率≤8.0%,田间人工接种发病株率≤20.0%。

大斑病田间人工接种或自然发病非高感。

4.4.2　黄淮海夏玉米区

茎腐病、小斑病田间人工接种或自然发病非高感。

4.4.3　南方玉米区

茎腐病、纹枯病田间人工接种或自然发病非高感。

5　爆裂玉米

5.1　丰产性、稳产性

5.1.1　膨化倍数≥25、爆花率≥95%的品种

每年区域试验、生产试验产量比对照品种增产≥3.0%,增

产试验点比例≥60%。

5.1.2 膨化倍数≥30、爆花率≥98%的品种

每年区域试验、生产试验产量比对照品种增产≥0.0%,增产试验点比例≥50%。

5.2 抗倒性

每年平均倒伏倒折率之和≤10%。

5.3 抗病性

丝黑穗病所有试点平均,田间自然发病株率≤3.0%,单点发病株率≤15.0%,发病株率5%~15%的试点比率≤10.0%,田间人工接种发病株率≤25.0%。

5.4 生育期

每年区域试验,生育期比对照品种晚熟≤3.0天。

附录七 玉米病害鉴定种类

附录 A 玉米检测种类及病害

A.1 普通玉米、高油玉米、高淀粉玉米、糯玉米(干籽粒)、高赖氨酸玉米

A.1.1 东北华北春玉米区、东北中熟春玉米区、东北早熟春玉米区、极早熟春玉米区

大斑病、茎腐病、丝黑穗病、穗腐病、灰斑病。

A.1.2 西北春玉米区

茎腐病、大斑病、穗腐病、丝黑穗病。

A.1.3 黄淮海夏玉米区

小斑病、茎腐病、穗腐病、弯孢叶斑病、瘤黑粉病、粗缩病。

A.1.4 西南玉米区

纹枯病、穗腐病、丝黑穗病、大斑病、小斑病、茎腐病。

A.1.5 东南玉米区

纹枯病、茎腐病、大斑病、小斑病、穗腐病。

A. 2　鲜食甜玉米、糯玉米

A. 2. 1　东北华北春玉米区

丝黑穗病、大斑病。

A. 2. 2　黄淮海夏玉米区

矮花叶病、小斑病、茎腐病、瘤黑粉病。

A. 2. 3　西南玉米区

纹枯病、小斑病。

A. 2. 4　东南玉米区

纹枯病、小斑病、茎腐病。

A. 3　青贮玉米

丝黑穗病、大斑病、小斑病、弯孢叶斑病、纹枯病。

A. 4　爆裂玉米

丝黑穗病、大斑病、小斑病。

附录 B　玉米品质检测项目

B. 1　普通玉米、高油玉米、高淀粉玉米、高赖氨酸玉米

容重、粗淀粉(干基)、粗脂肪(干基)、粗蛋白质(干基)、赖氨酸(干基)。

B. 2　糯玉米(干籽粒)

容重、粗淀粉(干基)、粗脂肪(干基)、粗蛋白质(干基)、赖氨酸(干基)、直链淀粉(干基)。

B. 3　鲜食甜玉米、糯玉米

B. 3. 1　甜玉米

可溶性总糖、外观品质、蒸煮品质。

B. 3. 2　糯玉米

直链淀粉、外观品质、蒸煮品质。

B. 4　青贮玉米

中性洗涤纤维、酸性洗涤纤维、淀粉、粗蛋白质。

B. 5　爆裂玉米

膨化倍数、爆花率。

参考文献

[1]李军,张志鹏.玉米优质高产栽培一本通[M].北京：化学工业出版社, 2015.

[2]侯本军.玉米栽培实用技术[M].北京:中国农业出版社,2012.

[3]魏湜,王玉兰,杨镇.中国东北高淀粉玉米[M].北京:中国农业出版社,2010.

[4]李少昆.玉米抗逆减灾栽培[M].北京:金盾出版社,2010.

[5]全国农业技术推广服务中心,中国作物学会栽培专业委员会玉米学组.现代玉米发展论文集[M].北京:中国农业出版社,2007.